药品检验行业 LIMS
电子实验记录本编辑指南

李帅◎主编

ELN

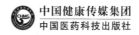

中国健康传媒集团
中国医药科技出版社

内 容 提 要

LIMS 全称为实验室信息管理系统,主要用于对实验室工作的各个环节进行全面量化和质量管理,实现检测工作的规范化、自动化和无纸化,承载着与检验业务密切相关的实验室人(人员)、机(仪器)、料(检品、实验材料)、法(方法)、环(环境、通讯)、测(检测、计算)的全面资源管理。本书从药品检验专业人员的角度有针对性的对 LIMS 建设中可能遇到的重点与难点进行介绍,并提供了经过实践验证的解决方案。文中创造性地提供了电子实验记录本(ELN)格式化模板,通过介绍基本操作、模板框架设计、函数、应用实例与 ELN 模板编制示例,引导读者从无到有搭建系统。本书对药品检验机构和药品生产企业均具有良好的借鉴作用。

图书在版编目(CIP)数据

药品检验行业 LIMS 电子实验记录本编辑指南 / 李帅主编 . — 北京:中国医药科技出版社,2022.8

ISBN 978-7-5214-3341-8

Ⅰ.①药… Ⅱ.①李… Ⅲ.①药品检定—制药工业—实验室—管理信息系统—指南 Ⅳ.① TQ460.7-62

中国版本图书馆 CIP 数据核字(2022)第 142872 号

美术编辑 陈君杞

版式设计 也 在

出版 **中国健康传媒集团** | 中国医药科技出版社

地址 北京市海淀区文慧园北路甲 22 号

邮编 100082

电话 发行:010-62227427 邮购:010-62236938

网址 www.cmstp.com

规格 787 × 1092 mm $^1/_{16}$

印张 10 $^1/_4$

字数 205 千字

版次 2022 年 8 月第 1 版

印次 2022 年 8 月第 1 次印刷

印刷 三河市万龙印装有限公司

经销 全国各地新华书店

书号 ISBN 978-7-5214-3341-8

定价 **86.00** 元

获取新书信息、投稿、为图书纠错,请扫码联系我们。

编 委 会

主　编　李　帅
副主编　廖　彬　胡　斌　秦晓岑　周乃元
顾　问　刘雁鸣　李文莉
编　者　（以姓氏笔画为序）

　　　　刘树郁（中山大学）

　　　　刘雁鸣（湖南省药品检验检测研究院）

　　　　李　帅（湖南省药品检验检测研究院）

　　　　李文莉（湖南省药品检验检测研究院）

　　　　李利明（湖南省药品检验检测研究院）

　　　　李君瑶（深圳市药品检验研究院）

　　　　李珺婵（上海市食品药品检验研究院）

　　　　张启航（深圳市药品检验研究院）

　　　　周乃元（国家药品监督管理局）

　　　　赵欣庆（成都市药品检验研究院）

　　　　胡　斌（湖南省药品检验检测研究院）

　　　　秦晓岑（国家药品监督管理局）

　　　　高　洋（中国检验检疫科学研究院综合检测中心）

　　　　唐桂鹏（湖南省药品检验检测研究院）

　　　　蒋　露（国家药品监督管理局）

　　　　廖　彬（湖南省药品审核查验中心）

　　　　潘震宇（湖南省药品检验检测研究院）

编写说明

实验室信息管理系统（Laboratory Information Management System）英文简称为 LIMS，最早由美国 StarLIMS 公司研发，目前国内已有企业自主研发了成熟的系统。该系统主要用于对实验室工作的各个环节进行全面量化和质量管理，实现检测工作的规范化、自动化和无纸化。实验室信息管理系统一般由四个部分组成：一是 LIMS 系统平台，类似于操作系统，用于样品生命周期内各相关流程的管理；二是 ELN（电子实验记录本），用于实验过程中各类信息与数据的记录；三是 CDS，用于仪器软件的反控与数据处理；四是 SDMS，用于数据的采集与集中备份。其中 ELN 原始记录是直接面向用户的部分，在药品检验行业，ELN 是检验人员日常应用的核心系统，承载着与检验业务密切相关的实验室人（人员）、机（仪器）、料（检品、实验材料）、法（方法）、环（环境、通讯）、测（检测、计算）的全面资源管理。良好的 ELN 模板还要具备较高的自动化程度，以提高工作效率并减少人为差错，并同时能满足《检验检测机构资质认定评审准则》的要求。

目前中国食品药品检定研究院及半数以上省级药品检验机构使用 LIMS 对日常检验工作进行管理。经调研，药品检验机构所使用的 ELN 模板普遍存在以下几点问题：第一，ELN 模板界面多为表格化形式，部分系统操作方式、内置的函数（包括条件判断函数）、基本功能（包括单元格的锁定）与 Excel 大体相同。但由于专业跨度大，大多数药品检验专业人员对计算机逻辑函数的编辑较陌生，很难将所需功能转化为计算机语言应用到 ELN 模板中，需要通过大量的积累与学习才能真正实现 ELN 的自动化与完全的锁定受控。第二，模板格式不统一，甚至存在一种方法对应多个模板的情况，导致模板数量众多，加大了模板使用的培训量。第三，由于检验人员对计算机命令函数不熟悉，导致编制的 ELN 模板自动化程度低。第四，ELN 模板兼容性差，对于质量标准中出现的响应因子、分子量折算等少见情况不兼容。第五，由于模板数量多、自动化程度低与兼容性差等综合因素导致模板修改频率高，关键单元格锁定受限，使模板受控困难。

经文献调研，尚未发现针对 ELN 模板编制的具体案例报道，亦无相关问题的解决方案。笔者在承担湖南省药品检验检测研究院 LIMS 建设 ELN 编制工作中积累了一些经验，设计了一系列具有高度自动化与兼容性的 ELN 模板，并成功实现了检验人员仅需输入数字、下拉表选择或简单的复制粘贴就能获得完整可控的报告，对上述涉及的问题也逐一进行了解决。本书从用户角度提供 LIMS 搭建与使用过程中相关问题的解决方案，通过系统界面介绍、ELN 编制基础操作简介、常用函数介绍与实例、ELN 编制实例以及原始记录的录入与报告的打印等方面系统地阐述了 ELN 编制与应用方法，旨在为 LIMS 建设起到积极的借鉴作用，并促进药品检验行业 LIMS 向规范化、智能化与标准化方向进一步发展。同时，本书中的系统基本操作、模板框架设计、函数介绍与应用实例对医疗器械、化妆品与食品类检验检测单位也具有较好的借鉴意义。

需要说明的是：书中 LIMS 基础操作、函数介绍、ELN 编辑技巧、应用实例与 ELN 模板编制涉及的内容较多，且函数代码应用知识相互关联，编制技巧前后呼应，建议读者按章节顺序进行阅读。

目录

第一章

LIMS 概述 ·· 1

一、LIMS 的概念、历史沿革 ·· 1

（一）LIMS 的概念 ·· 1

（二）LIMS 的历史沿革 ·· 1

二、ELN 的概念、历史沿革 ··· 3

（一）ELN 的概念 ··· 3

（二）ELN 的历史沿革 ··· 3

三、LIMS 平台概述 ·· 4

（一）基本情况 ··· 4

（二）界面介绍 ··· 5

（三）功能介绍 ··· 5

第二章

ELN 编制基础操作 ·· 11

一、模板的基本操作 ··· 11

（一）新建、导出导入与保存 ··· 11

（二）工作表的基本操作 ··· 12

（三）单元格的基本操作 ··· 13

二、编辑数据与设置单元格类型 ··· 14

（一）编辑数据 ·· 14

（二）设置单元格类型 ··· 16

三、数据源操作 ……………………………………………… 19

（一）详细数据 …………………………………………… 19

（二）列表数据 …………………………………………… 19

（三）仪器数据源 ………………………………………… 20

（四）反写数据 …………………………………………… 23

（五）数据源重点注意事项 ……………………………… 25

第三章
常用函数介绍与实例 ………………………………… 26

一、运算符与引用 ………………………………………… 26

（一）运算符 ……………………………………………… 26

（二）单元格的引用 ……………………………………… 28

二、函数的基础知识 ……………………………………… 29

（一）函数的类型 ………………………………………… 29

（二）函数的使用方法 …………………………………… 29

（三）常见错误与说明 …………………………………… 30

三、常用函数介绍 ………………………………………… 31

（一）日期和时间函数 …………………………………… 31

（二）逻辑函数 …………………………………………… 31

（三）查找与引用函数 …………………………………… 32

（四）数学与三角函数 …………………………………… 34

（五）统计函数 …………………………………………… 36

（六）文本函数 …………………………………………… 36

四、应用实例 ……………………………………………… 38

（一）让单元格不显示"0"或"#DIV/0!" …………… 38

（二）实现可编辑的小数位数 …………………………… 39

（三）解决自动删除小数末尾"0"值 …………………… 40

（四）RSD 与 RD 的计算 ………………………………… 40

（五）自动判断恒重结果 ………………………………… 42

（六）统计超过限度数值的个数 ………………………… 43

（七）自动获取重（装）量差异限度 ·················· 44

（八）自动填写实验日期 ······························ 46

（九）自动判断直接滴定与返滴定法 ·················· 46

（十）计算公式的自动变换 ···························· 47

（十一）自动判断称量单位 ···························· 48

（十二）自动计算稀释倍数 ···························· 48

（十三）操作过程语句的自动生成 ···················· 49

（十四）多结果列表反存的具体实现方法 ·············· 51

第四章
ELN 的编制 ························· 55

一、ELN 框架设计 ···································· 55

（一）ELN 模式的选择 ······························ 55

（二）推荐的格式 ···································· 56

二、常用检验项目 ELN 编制示例 ······················ 62

（一）空白模板 ······································ 62

（二）性状 ·· 65

（三）化学反应鉴别 ·································· 65

（四）高效液相色谱法鉴别 ···························· 66

（五）紫外 – 可见分光光度法鉴别 ···················· 68

（六）pH 值检查 ···································· 75

（七）不溶性微粒检查 ································ 76

（八）重（装）量差异 ································ 80

（九）费休氏法水分检查 ······························ 83

（十）溶出度 / 释放度 ································ 85

（十一）气相色谱法含量均匀度 ······················ 93

（十二）容量法含量均匀度 ···························· 98

（十三）有关物质 ···································· 101

（十四）高效液相色谱法含量测定 – 外标法 ············111

（十五）高效液相色谱法含量测定 – 内标法 ············116

（十六）高效液相色谱法含量测定 – 标准曲线法 ········118

（十七）紫外 – 可见分光光度法含量测定 ··············123

（十八）容量法含量测定 ……………………………………………… 124

三、ELN 的验证与受控 …………………………………………………… 126

    （一）ELN 关键单元格的锁定 …………………………………… 126

    （二）ELN 的验证与受控 ………………………………………… 127

第五章

原始记录与报告的录入 …………………………………………… 131

一、数据库的建立 ………………………………………………………… 131

    （一）标准物质库的建立 ………………………………………… 131

    （二）色谱耗材库的建立 ………………………………………… 131

    （三）检验项目库的建立 ………………………………………… 132

二、检验项目的添加 ……………………………………………………… 133

    （一）编辑检验项目 ……………………………………………… 133

    （二）选择 ELN …………………………………………………… 133

    （三）编辑组分 …………………………………………………… 134

三、数据采集与使用记录填写 …………………………………………… 135

    （一）数据采集 …………………………………………………… 136

    （二）使用记录填写 ……………………………………………… 137

四、检验项目原始记录的录入与报告合成 …………………………… 139

    （一）检验项目原始记录的录入 ………………………………… 139

    （二）检验报告的合成 …………………………………………… 147

五、原始记录的审核与其他功能 ……………………………………… 150

    （一）原始记录的审核 …………………………………………… 150

    （二）共用数据的复制 …………………………………………… 150

    （三）检品的复制 ………………………………………………… 152

    （四）组合项目 …………………………………………………… 152

    （五）其他功能 …………………………………………………… 152

参考文献 …………………………………………………………………… 153

第一章 LIMS 概述

LIMS（Laboratory Information Management System，实验室信息管理系统）是实现现代实验室信息化、规范化、自动化、智能化与大数据化的管理平台。它的出现带来了实验室管理模式上的一次重大变革，不仅可以促使药品检验行业实验室管理水平整体提升，也能大幅减少差错出现，带来更真实有效、可追溯可审计的实验室原始记录并提升检验效率。

本章主要从 LIMS 与 ELN 的概念和历史沿革两方面进行概述。

一、LIMS 的概念、历史沿革

（一）LIMS 的概念

随着药品检验行业的发展，检验检测数据需要进行更加严格的审查与完整的溯源，这成为合规实验室的管理重点。选择建设检验检测信息管理系统并成功实施，有助于提升实验室质量管理水平。实验室信息管理系统针对实验室的整套环境而设计，是实现实验室人（人员）、机（仪器）、料（样品、材料）、法（方法、标准、质量）、环（环境、通讯）、测（测试、检验）全面资源管理的计算机应用系统，是一套完整的检验综合管理和检验质量监控体系，能满足日常管理要求，并保证检验分析数据的严格管理和控制。它能全面优化实验室的检验管理工作，显著提升实验室的检验效率，提高质量控制水平。

（二）LIMS 的历史沿革

随着科学仪器自动化、智能化水平的日益提高与发展，实验室的信息流以几何级数增长。如何科学、高效、真实、可控地收集、分析、传输、储存、共享数据资源，成为各类实验室不断增长的需求，在这种需求的推动下促进了 LIMS 的诞生。

第一代 LIMS 出现于 20 世纪 60 年代末，在美国诞生。这些最早出现的 LIMS 是由高等院校、研究所及各种大型实验室在计算机软件系统开发商的帮助下，利用自身的技术力量及大型计算机设备自行开发的系统。此类实验室的 LIMS 是专门为其定制的一套软件，不能被其他实验室使用。其主要目的是为了使实验室的数据采集和报告处理过程更加规范和顺畅，以节省大量时间。由于该系统在诞生之初就局限于经费和技术上的不足，功能很少，软件升级维护也相当困难，无法满足现代实验室不断变化的需求，因此已被商品化的 LIMS 逐步取代。这类原始的 LIMS 在欧美等国家和地区已经很少见到。

第二代 LIMS 标志着商品化 LIMS 的出现，为实验室管理人员和应用人员带来了巨大的方便，但在方便客户端的应用同时也为系统的管理和运维带来了不小的麻烦。原因在于几乎所有的第二代 LIMS 软件在安装之后都需要进行大量的个性化工作，即编写一些脚本或程序满足用户特定的需求。而且用户需求往往具有不确定性和不可比性，即需要 IT 专业人员作为 LIMS 用户的系统管理员实时为用户编写相关程序。一方面，IT 专业的人员职业流动性和不稳定性造成 LIMS 的开发没有系统性和完整性，另一方面 IT 专业的人员在实际开发中往往不能理解实验室的真正需要，因此开发的程序可能无法满足检验人员的实际应用。因此，大多数实验室管理人员都希望能有一套不需要 IT 专业人员就能完好运行的 LIMS。

第三代的 LIMS 出现于 1998 年，是基于 C/S 结构的商品化软件，以"组态"的形式出现，不需要用户编写任何程序。其主要特点是 LIMS 在安装后几乎不需要客户开发工作，只需要按照客户的具体要求进行简单的"组态"设置，即可将整个系统正式投用。在"组态"设置过程中，用户几乎不需要编写任何程序。在这样的系统中，任何熟悉 Microsoft Windows 操作的实验室专业检测人员在接受简单的培训后，就可完成诸如工作流程设计、角色设定、仪器连接等工作，并能按照实验室需求的变化随时修改系统的"组态"设置。第三代商业化的 LIMS 为实验室带来了很大的方便，但依然存在一些缺点：第一，单一服务器且以局域网为中心的系统使其难以扩展至广域网或部署在 Internet 上，很多采用此系统的大型制药企业都是花费巨资铺设海底光缆来完成他们的全球化推广；第二，作为一套 C/S 结构的软件，客户必须在客户端安装应用程序，因此安装和运维费时费力，花费的人力资源成本较高；对于多地点多中心的实验室实施可行性低，如果没有雄厚的资金支持跨国实施更是难以推广；对于智能手机终端的开发也有局限性。

第四代 LIMS 是一种完全基于 Internet 技术的新产品，具有以下四个特点：第一，基于浏览器 / 服务器（B/S）结构，这种结构很容易部署在广域网上；对这种 B/S 结构的系统只需要管理好服务器，客户端只采用 Internet 浏览器，无需安装任何 LIMS 软件，即无需进行客户端维护。维护升级的工作量不会随着用户的规模数量的增加、异地分支机构的数量增加而增加，IT 人员对于后台系统的维护都在服务器上进行。此时，只需要把服务器连接到 Internet，就可实现远程维护、升级和数据共享；第二，利用 Internet 可便捷地连接多个异地实验室；第三，用户使用环境可以不限于实验室内部，用户可以在家、在旅途中快捷方便地使用 LIMS，从空间和时间上无限扩展了

LIMS 的适用范围；第四，支持无线用户，在智能手机发展的时代，LIMS 能通过支持 WAP（无线应用协议）使用户利用移动终端随时掌握实验室信息，这为需要经常参加各种会议的实验室人员特别是高层管理人员提供了极大的方便。

二、ELN 的概念、历史沿革

（一）ELN 的概念

ELN（Electronic Laboratory Notebook，电子实验记录本）是承载与实验室工作密切相关的人（人员）、机（仪器）、料（样品、材料）、法（方法、标准、质量）、环（环境、通讯）、测（测试、检验）的具体电子无纸化实现形式。概括起来大致分为三类作用：一是记录仪器、标准品、试剂试药与环境信息；二是记录实验过程；三是对实验结果进行计算。设计良好的 ELN 相对纸质版原始记录具有规范性好、通用性强、智能化高、避免人工撰写过程中引入错误、避免仪器与标准品使用记录漏记、易于溯源与受控等优点，并在一定程度上能提高检验效率。

（二）ELN 的历史沿革

LIMS 的应用很大程度上提高了实验室信息管理水平，但它的优势在于对流程化的信息管理，如样品流转管理、人员流转管理、报告流转管理等等，这类功能类似于办公信息化系统（OA 系统），而对于实验室的原始记录却"鞭长莫及"。

20 世纪 90 年代初，对于全面实现实验室原始记录电子化和实验室流程自动化的需求越来越强烈。到 90 年代末期，许多大公司开始意识到纸质版记录本上的数据非常重要，但纸质版本数据容易丢失，如果要求研究人员用笔记下数据后，又要其重新录入到 LIMS 数据库中则在无形之中增加了研究人员的工作量。研究人员对这种 Word 式的电子记录执行力很低，因此对于全面电子化的解决方案呼声很高，也导致了大量的 ELN 定制化软件开发项目应运而生。因此，ELN 是基于 LIMS 基础上派生而出的一个新兴事物，具有很大的开发前景和应用价值。但定制化的 ELN 过于个性化，不能用于商业化的发展，所以对于软件开发商和使用者来说都没有竞争优势，各开发商一致认为商品化的 ELN 才是客户的最佳选择。

在 2004 年之前，各软件开发商对 ELN 的开发兴趣一直受到压抑。2003 年，国际质量和生产率中心（IQPC）在伦敦举办关于电子实验室记录本的会议，该会议在 2004 年 9 月再次召开，从此 ELN 成为一个热门话题。2004 年 8 月，由 Atrium Research & Consulting Michael Elliott 出版发行了一本名为 *Electronic Labor Laboratory Notebooks, a Foundation for Knowledge Management* 的书，书中讨论了 25 种 ELN 的产

品功能及价值。业内各界对于这本书的热捧，使该书的第二版在时隔一年之后即问世。各类 ELN 的开发商对于开发 ELN 的热情使很多开发组织兼并组合，他们或强强联手或兼并重组，到 2005 年为止，市面上总共仅剩 29 种 ELN 的产品。比较著名的 ELN 厂商有 Accelrys、IDBS、PerkinElmer、Agilent、Waters 等。除此以外，一些著名的 LIMS 厂商也提供 ELN 模块，如 Labware、Starlims、Thermofisher、Labvantage、北京三维公司（SunwayWorld）等 LIMS 厂商都在其 LIMS 产品中增加开发了 ELN 模块，以完善他们的 LIMS 产品，解决分析实验室的实验记录电子化的需求。

三、LIMS 平台概述

（一）基本情况

本指南涉及的 LIMS 平台由北京三维公司开发。该 LIMS 属于第四代产品，包括主业务流程管理系统和实验室信息化管理系统，采用主流 JAVA 语言开发，结合远程字典服务 REDIS 和关系型数据库 MYSQL，实现 B/S 架构的信息管理系统。服务器端部署在基于开源的 LINUX 操作系统，主要在内部网络运行，并支持跨平台多浏览器访问。系统可配备多个并发用户，并发数可根据客户端请求量动态分配。同时采用了数据定时备份和容灾备份两种方式防止数据丢失，提高了数据安全等级，确保在异常情况下系统数据的可恢复。LIMS 拓扑图见图 1-1。

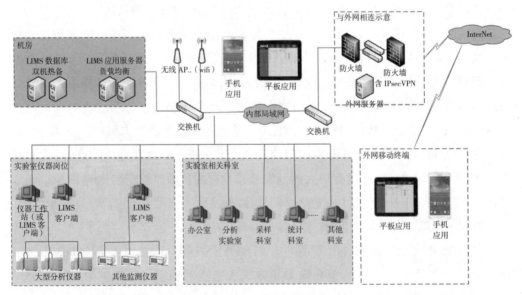

图 1-1　LIMS 拓扑图

网络形式主要具有四类特点：一是采用内网加外网的网络架构，通过防火墙和前置服务器实现内外网物理隔离；二是内网采用有线加无线结合方式；三是内部有线网络主要实现服务器、工作站、办公电脑的网络连接；四是内部无线网络主要实现平板电脑、串口仪器、温湿度设备的网络接入。

（二）界面介绍

在浏览器中输入服务器地址即可访问 LIMS，输入授权的用户名与密码登录账号，见图 1–2。推荐使用谷歌浏览器；使用 360 浏览器时，需要设为"极速模式"才能正常显示。

图 1–2　LIMS 登录界面

主界面设有功能区与统计区，见图 1–3。功能区有综合查询、检品查询、药品检验业务、检验管理、标准库、相关申请（公共）、标物管理、耗材管理、静态数据共九项功能，具体功能下文详述；统计区可查看待办任务、通知公告、检验任务统计与 ELN 验证统计等。功能区、统计区内容可根据实际需求进行调整。

（三）功能介绍

1. 综合查询　可具有"月完成情况""月工作统计""药品台账"与"检品查询"等功能，见图 1–4。以"检品查询"为例，点击功能区"综合查询"→"检品查询"，即可查询机构内所有检品相关信息，支持按检品名称、检品编号等关键词搜索。

2. 检品查询　业务部门可按"受理人""已签发""已归档"与"全部"进行查询。检验科室可按"受理人""检验科室"与"检验人"进行查询，见图 1–5。所有查询均可通过检品名称、检品编号等信息搜索，查看周期、检品与检验相关信息。

图 1-3　LIMS 用户界面

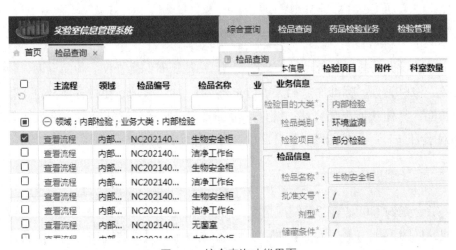

图 1-4　综合查询功能界面

3. 药品检验业务　药品检验业务项下有"检品登记""检品受理""检品签收""任务指派""结果录入""复核""室主任审核""业务部审核"与"报告书归档"等多类子功能。

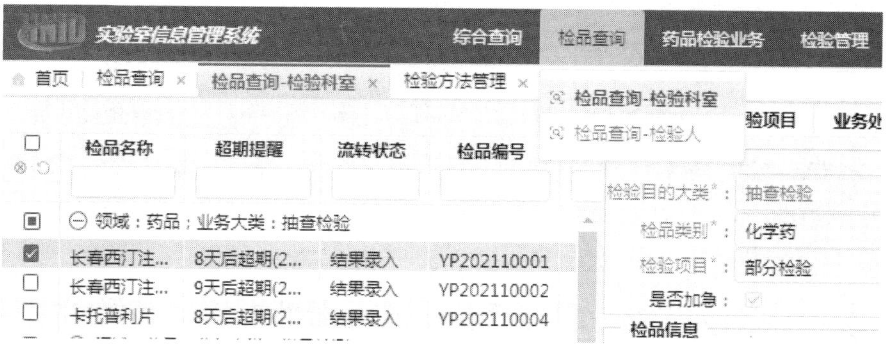

图 1-5　检品查询功能界面

"检品登记"为客户使用界面，由客户填写检品信息，提交后送达"检品受理"环节；业务部门在"检品受理"中对相关信息进行核对，并由系统生成检品编号，提交后送达指定检验部门进行"检品签收"环节；检验部门在"检品签收"中对检品信息进行形式审查，通过则提交至"任务指派"，不通过的可退回上一级；检验部门负责人或授权人员在"任务指派"中指定主检人与复核人，提交后送达"结果录入"；主检人在"结果录入"中开展检验工作，完成后提交至"复核"；复核人进行复核后提交"室主任复核"或退回；检验部门负责人或授权人复核后提交至业务部门审核。具有不同权限的人员，"药品检验业务"下拉菜单内容将有所不同。"结果录入"页面见图 1-6。

图 1-6　结果录入界面

结果录入界面是检验人员使用最多的页面。该页面分为上中下 3 个区域：上部区域为检品信息区，个人所有待检检品均汇集于此；中部区域为在检品信息区选中检品的具体项目区，汇集了该检品的检验项目、ELN 模板与复核人等重要内容；下部区为单个项目的组分区，各组分名称（分析项目）、报告书上显示的组分名称（报告书名称）、标准规定、结果与结论等具体结果信息在该区域编辑与显示。结果录入界面分区见图 1-7。

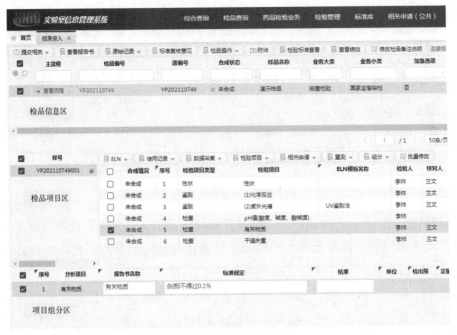

图 1-7　结果录入界面分区

4. 检验管理　检验管理项下有"检验方法管理""检验项目管理"与"ELN 验证受控"共三类子功能。

"检验方法管理"即模板库，见图 1-8，用于编辑和存放 ELN 模板；"检验项目管理"用于检验项目维护与分项目的编辑，见图 1-9；在"检验方法管理"中建立的 ELN 模板需要在"ELN 验证受控"中提交审批，审批通过才能正式启用。

5. 标准库　标准库项下有"标准查询"与"标准查询 – 室主任审核"两类子功能，用于电子化质量标准的查询与审核。

图 1-8　检验方法管理界面

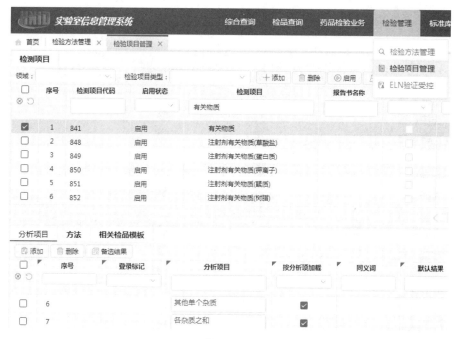

图 1-9　检验项目管理界面

6. 相关申请（公共）　相关申请（公共）项下共有 10 类子功能。有用于 ELN 审核的"ELN 验证科室主任审核"；检验流程相关的"终止检验申请""终止检验 – 检验科室负责人审批""留样调用申请""留样调用 – 科室主任审批""检验项目终止检验申请"与"检验项目终止检验申请 – 检验科室负责人审批"；仪器借用相关的"仪器借用申请""仪器借用室主任审核（本科室）"与"仪器借用室主任审核（其他科室）"。

7. 标物管理　标物管理项下共有 11 类子功能。有"标准物质查询"功能，可查询所在部门标准物质台账；检验人员可通过"标准物质使用申请"与"标准物质使用申请 – 检验科室负责人审批"功能申请领取对照品，同时标准物质台账随申请量自动更新；"标准物质溶液"用于记录标准物质溶液配制过程，使标准物质溶液可控可溯源；滴定液配制、复核与查询分别通过"滴定液管理""复核滴定液"与"滴定液查询"功能实现，可较好的对滴定液标定过程、效期、使用记录与使用量进行溯源。

8. 耗材管理与静态数据　耗材管理项下有"色谱柱管理"，用于色谱柱信息录入与管理；静态数据项下有"仪器查询"，用于仪器信息录入与管理。

9. 列表配置功能　大多数列表可进行表格列配置，点击配置按钮，见图 1-10，选择"表格列配置"，在弹出的对话框

↗ 📄

↻ 刷新
⤷ 导出
🔍 关闭快捷查询
↻ 清空查询条件
🔍 开启高级查询
▦ 表格列配置

图 1-10　列表配置按钮

中可设置需要展示的内容与排序，见图 1-11。

图 1-11　表格配置界面

第二章 ELN 编制基础操作

ELN 模板界面与 Excel 表格类似，操作方式、内置的函数（包括条件判断函数）、基本功能（包括单元格的锁定）与 Excel 大体相同。ELN 编辑功能只针对实验室人员使用，其功能相对 Excel 表格更精简，但同时也具备数据源等 LIMS 专用功能。掌握 ELN 编制界面的基础操作是开展模板编制的重要步骤。

一、模板的基本操作

（一）新建、导出导入与保存

1. 新建模板　点击功能区"检验管理"→点击"检验方法管理"→点击"添加"→在弹出的对话框中填写相关信息→点击"保存"即新建完成；选中新建的模板→点击右上角"编辑"即可编辑新建的模板。新建模板界面见图 2-1。

图 2-1　新建模板界面

2. **导出导入模板** 所有模板库中的模板均保存在服务器端，为避免因服务器故障、其他人员修改等原因导致模板丢失或错误改动，需要将模板导出本地。进入模板编辑界面后，点击"文件"→点击"导出"→选择导出格式→点击"导出文件"→保存至本地，见图 2-2。建议保存为 SpreadSheet 文件（文件后缀为 .JSON）。

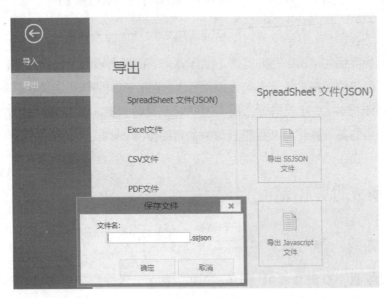

图 2-2　导出功能界面

当需要以某模板为基础进行编辑时，可使用导入功能。首先将基础模板导出，新建待编辑模板，进入该模板编辑界面，点击"文件"→点击"导入"→选择本地基础模板格式→点击"导入文件"→选择本地文件打开即可，见图 2-3。

图 2-3　导入功能界面

3. **保存模板** 在开始菜单中点击"保存"或"保存并退出"保存模板。

（二）工作表的基本操作

一个 ELN 模板类似于 Excel 工作簿，可由一到多个工作表组成。部分原始记录内容较多，为避免一个项目页面过长，可采用多工作表的形式编辑 ELN 模板。性状、化学鉴别、pH 值等较简单的模板使用 1 个工作表即可；HPLC 法、GC 法含量测定、有关物质等复杂模板可以使用 2~3 个工作表组合展示原始记录。

1. 新建工作表　点击页面下方"+"号即可新建工作表，见图 2-4。以 HPLC 法含量测定为例，可设置"辅助录入页""实验页"与"结果页"作为原始记录。其中，"辅助录入页"用于供试品溶液、对照品溶液的制备过程辅助录入以及自动计算稀释倍数；"实验页"用于记录仪器信息、对照品信息、制备过程与结果等实验要素；"结果页"用于展示计算公式、自动计算结果等，主要在"实验页"无法承载全部试验内容时增设；另可增加"数据反存页"进行多组分结果的反存。

图 2-4　新建工作表图示

2. 隐藏 / 取消隐藏工作表　通过在工作表标签上单击右键可进行插入、删除与隐藏等操作，见图 2-5。一般来说，"辅助录入页"与"数据反存页"是不需要在原始记录中展示的，可使用"隐藏"与"取消隐藏"功能实现对应的目的。

图 2-5　工作表标签右键操作

（三）单元格的基本操作

1. 行和列的操作　ELN 表格支持选择、插入、删除行和列，点击行 / 列标签，点击鼠标右键或通过菜单栏即可操作，操作方式与 Excel 表格基本相同，且较为简单，此处不再详细介绍。

2. 调整行高与列宽　ELN 表格调整行高与列宽方法与 Excel 表格类似。作为药品检验行业 ELN，不同工作表所承载的内容有所区别，列数与列宽可进行相应的统一设定，既保证 ELN 模板整齐划一，又能兼顾不同需求。"辅助录入页"所涉及的内容相对较少，推荐设置 12 列，每列列宽设为 60；根据不同项目"实验页"具体涉及的内容，推荐设置 12 列或 24 列，对应列宽设为 60 或 30；"结果页"推荐 24 列，每列列宽设为 30；所有模板行高均设为 20。经大量模板验证，上述设置方法可满足绝大多数模板的需求。

3. 字体设置　ELN 表格不支持中英文分别设置字体。经实测，设置浏览器默认字体为"宋体"，ELN 字体设为"Times New Roman"，字体大小设为"9"号，即可在上述行高与列宽的设置下显示良好。

4. 合并单元格　当部分内容较多超出单个单元格宽度时，可对单元格进行合并操作。合并前需要选中拟合并的所有单元格，选定后可通过功能区的"合并后居中"系列选项合并或通过右键菜单中"设置单元格格式"选项合并，其操作与 Excel 表格基本一致。推荐使用功能区的"合并后居中"更简单快捷。

选定已合并单元格，通过功能区的"清除"下拉菜单中"全部清除"与"清除格式"取消合并或通过右键菜单中"设置单元格格式"选项取消合并。

注意，当合并的单元格区域有多重数据时，执行"合并单元格"只能保留左上角单元格中的数据。但与 Excel 表格不同的是，采用"清除格式"撤销合并其余数据不会被清除，采用"全部清除"撤销合并其余数据将一并清除。

5. 单元格调整　当合并操作后内容依然溢出或不宜合并操作导致输入内容不能完整展现时，可将单元格设置为自动换行。

二、编辑数据与设置单元格类型

（一）编辑数据

1. 设置数据类型　在 ELN 单元格中输入数据的方式与 Excel 基本相似，支持"常规""数值""分数""文本"等类型，也支持多数 Excel 函数，可进行相关逻辑运算。

由于不同质量标准对计算结果数据精度有不同要求，因此无法预置小数位数，数值一般使用"常规"类型处理。值得注意的是，药品检验行业对数据位数的要求较严格，对于"常规"型数据会自动删除数据尾数的"0"，造成精度方面的歧义，此时需要将对应数据改为"数值"类型，并选择适宜的小数位数即可。数字类型设置界面见图 2-6。

2. "复制"与"粘贴"　三维公司 LIMS 版本当前为 2.0 版，ELN 界面暂无"撤销"

与"恢复"按钮，需要分别使用组合键"Ctrl+Z"与"Ctrl+Y"实现。

3.**填充数据** ELN 表格暂不支持通过拖动填充数据，只支持通过"复制"与"粘贴"功能实现。对于含有相对引用的单元格，通过"复制"与"粘贴"后依然支持相对引用，这点与 Excel 表格一致。

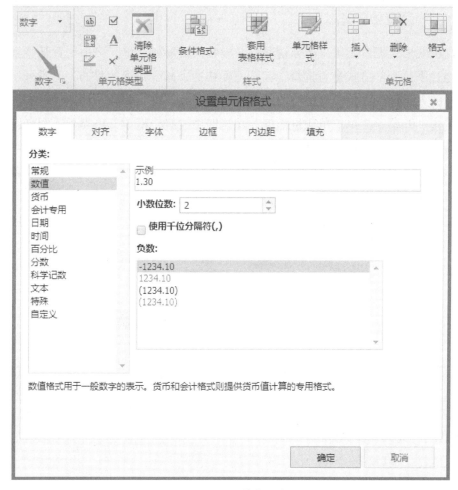

图 2-6 设置"数值"类型

4.**删除 / 清除** 一般的数据使用"Backspace"键或"Delete"键进行删除即可。

ELN 与 Excel 表格最大的不同就是引入了"数据源"。通过在单元格中绑定"数据源"，可实现称量、图谱数据与数据的反存，其具体含义后文详述。"数据源"在 ELN 单元格中的绑定是无法通过普通方式清除的，需要选中绑定了"数据源"的单元格并点击"开始"菜单功能区中"清除绑定数据"进行清除操作。

"开始"菜单"编辑"功能区中"清除"功能提供了更强力的作用。点击"清除"键图标，默认执行"全部清除"操作，实现单元格格式、数据、批注以及"数据源"的一键清除；点击"清除"键右侧下拉箭头，可展开4类选项，分别是"全部清除""清除格式""清除内容"与"清除批注",提供清除范围逐级降低的选项。

5.**输入上下标** 在一段数据中,可将部分内容设置成上标或下标。具体实现方式是选择需要进行设置的内容,点击"开始"菜单"字体"功能区中"上角标"与"下角标"即可进行设置。

(二)设置单元格类型

1.**设置组合框单元格** 部分情况下,检验人员需要在单元格中预置某些常用内容,通过下拉表的方式进行选择,起到方便快捷、减少错误的目的,此时可用添加组合框的方式解决。

点击"开始"菜单"单元格类型"功能区中"组合框单元格类型"图标即可进行设置,见图2-7。在弹出的对话框中点击"添加"一次即增加一条选项,在项目属性中输入对应的内容,点击确定即可添加。若在选项中勾选"可编辑",则在单元格选定该选项后能对内容进行修改,否则不允许修改。

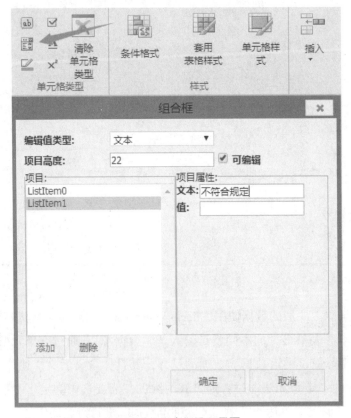

图 2-7　组合框设置界面

以原始记录中的"结论"项为例,大多数项目结论为"符合规定"或"不符合规定",此时可在"结论"栏中设置组合单元格,预先设置两种结论,检验人员根据实际情况进行选择即可，无需再输入文字。部分情况下结论可能存在其他形式，此时为使该模板具有兼容性，应勾选"可编辑"项，使检验人员在特殊情况下能对结论进行编辑。单元格设置组合框后效果见图 2-8。

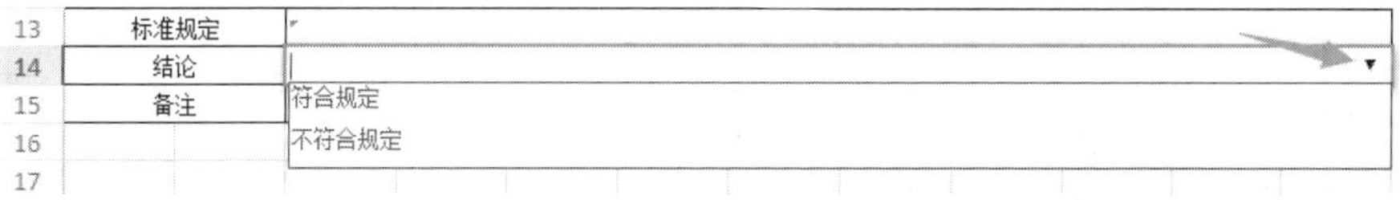

图 2-8　单元格设置组合框后效果

2. 设置复选框单元格　某些情况下，需要选择的内容较多，使用下拉表形式展示过于复杂，可使用设置复选框的方式予以解决。

点击"开始"菜单"单元格类型"功能区中"复选框单元格类型"图标即可进行设置，见图 2-9。在弹出的对话框中最多可选择 3 种不同状态复选框形式，根据不同状态展现对应的文字，或直接在复选框后定义标题。

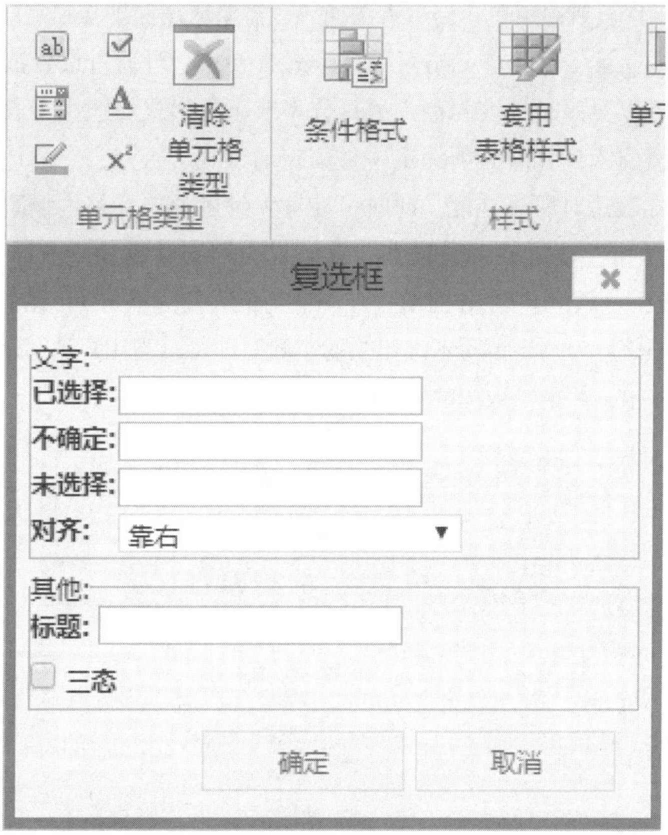

图 2-9　复选框设置界面

以 pH 值 ELN 模板为例，pH 标准缓冲液种类多，标准值受温度影响大，还有定位与校准选择，导致设计非常困难。采用复选框与组合框结合的方式展示标准缓冲液，则达到了使用简便，界面清晰，检验员一目了然的效果，见图 2-10。

测定温度 (℃)	草酸盐 ▼	苯二甲酸盐 定位 ▼	磷酸盐 校准 ▼	硼砂 ▼	氢氧化钙 ▼	其他 ▼
☐ 5	1.67	4.00	6.95	9.40	13.21	
☐ 10	1.67	4.00	6.92	9.33	13.00	
☐ 15	1.67	4.00	6.90	9.27	12.81	
☑ 20	1.68	4.00	6.88	9.22	12.63	
☐ 25	1.68	4.01	6.86	9.18	12.45	
☐ 30	1.68	4.01	6.85	9.14	12.30	
☐ 35	1.69	4.02	6.84	9.10	12.14	

图 2-10　复选框实际应用展示

3. 清除单元格类型　点击"开始"菜单"单元格类型"功能区中"清除单元格类型"即可清除组合框、复选框、超链接，并恢复成普通单元格。

4. 设置单元格标签　当需要对某些单元格填写内容做说明时，可在单元格内插入批注。在单元格上点击鼠标右键，在展开的对话框中点击"插入批注"即可。注意，当设置了保护工作表或锁定单元格后无法插入，需要取消保护与锁定。

5. 设置数据验证　部分单元格对数据形式有要求，可通过设置数据验证来确保数据的准确性。以对照品纯度为例，虽百分率或小数形式均能用于表达对照品的纯度，但纯度值需引入计算时必须约定一种固定的形式，否则会导致计算错误。假设约定以小数形式表达对照品纯度，此时可在输入纯度的单元格内设置数据验证，点击"数据"菜单中"数据验证"按钮，在"设置"对话框中选择"允许"条件为"小数"，"数据"为"介于"，分别设置最小值与最大值为 0 与 1；在"出错警告"对话框中填写错误信息为"请填写不大于 1 的小数"即可。当用户填写超出范围的其他数值时将弹出提示，并拒绝数据的输入，见图 2-11。

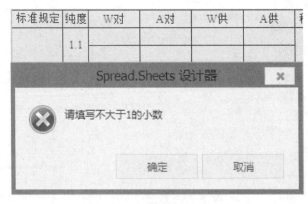

图 2-11　数据验证报错示例

三、数据源操作

由于 ELN 中汇集了各类仪器、对照品、耗材与环境等信息，因此需要在固定的位置动态的引用外来信息。数据源功能即承载了此类作用，汇集了各类外来信息供编辑人员拖放使用，共分为详细数据、列表数据与反写数据三类。在 ELN 中放置好数据源后，完成对应的实验操作或选择即可在 ELN 中显示对应信息。

在 LIMS 系统“检验方法管理”中进入待编辑的模板，点击“开始”功能区中的“数据源”按钮即可展开数据源列。用鼠标左键按住需要的内容，拖放到对应单元格或单元格区域即可，拖放成功后对应单元格左上角均显示红色角标，详细数据单元格会显示数据源描述。

（一）详细数据

详细数据为单个数据项，见图 2–12，每条内容仅包含一个信息，如检品编号、检品名称、标准规定、结论等仅含单个信息的内容均可添加详细数据。详细数据拖放 ELN 后效果见图 2–13。

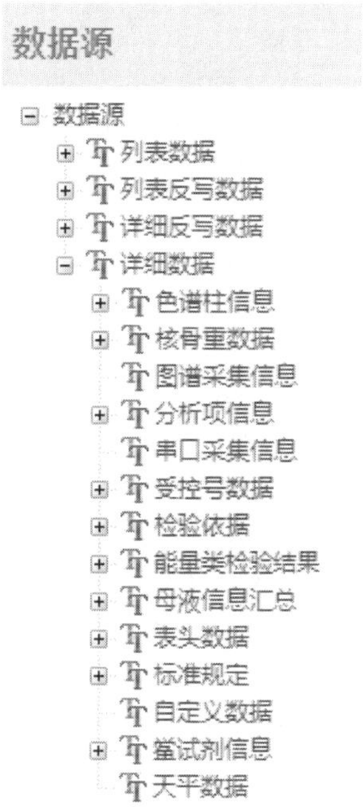

图 2–12 数据源 – 详细数据

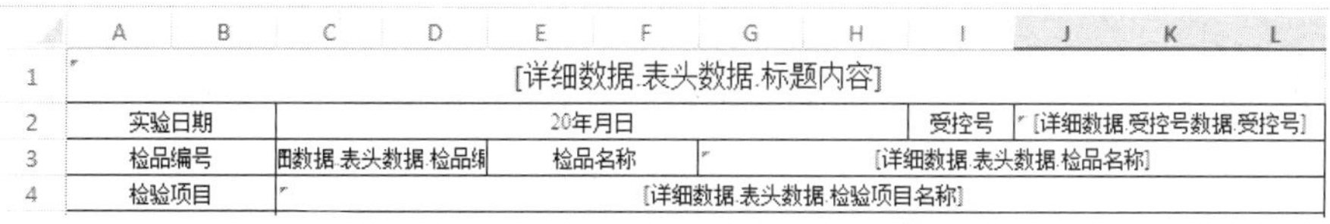

	A	B	C	D	E	F	G	H	I	J	K	L
1	[详细数据.表头数据.标题内容]											
2	实验日期		20年月日						受控号	[详细数据.受控号数据.受控号]		
3	检品编号		细数据.表头数据.检品编		检品名称		[详细数据.表头数据.检品名称]					
4	检验项目		[详细数据.表头数据.检验项目名称]									

图 2–13 详细数据拖放 ELN 后效果

（二）列表数据

列表数据采用表格方式展现数据，收载了对照品、温湿度、色谱柱等信息量相对较大的信息类型，并支持表格自动扩充，见图 2–14。在 ELN 中选择两行单元格区域，将列表数据项条目拖放至选定区域，点击区域最右上单元格，将显示蓝色箭头，点击箭头即可展开数据字段对话框进行编辑操作，见图 2–15。

列表数据支持自动扩充，因此在添加列表数据表格时，仅需选中 2 行，上行为标题行，下行为数据行，数据行可自动扩充。以仪器信息为例，当某项目使用了电子分析天平与紫外光谱仪，在 LIMS“结果录入”界面选中该批检品对应项目并在“使

用记录"中输入两种仪器的使用记录后,该项目 ELN 仪器信息数据行将自动扩充为
2 行,并分别显示仪器信息。

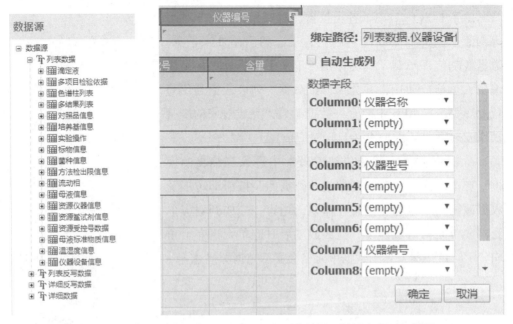

图 2-14　数据源 – 列表数据　　　　图 2-15　列表数据 – 数据字段添加界面

(三)仪器数据源

　　仪器数据源是检验中使用仪器获得的称量、图谱数据等外来数据与 ELN 相互关
联的接口。在 ELN 中应预先在单元格中设置仪器数据源,在操作仪器后所得数据才
能在 ELN 中对应的位置显示,因此正确添加仪器数据源是 ELN 编辑中极其重要的
环节。

　　1. 添加仪器数据源　如图 2-16 所示,在"ELN 模板管理"界面,选择拟添加
数据源的 ELN 模板,点击"仪器数据源"即可打开编辑界面。点击"添加",见图
2-17,选择仪器类型、填写添加个数与名称,见图 2-18,点击"确定"完成添加操
作。其中,仪器类型有串口、天平、图谱与自定义数据 4 类。串口指以 pH 计、不
溶性微粒检测仪等带有串口协议传输功能的仪器输出内容作为数据源。仪器串口输
出需要 LIMS 系统工程师进行配置,添加该类数据源时需要与工程师沟通;涉及称量
操作的 ELN 必须添加对应的天平数据源,一般通过天平打印键输出称量数据,并通
过数据源传输至 ELN 中指定的单元格中;同样,涉及图谱数据的 ELN 必须添加对应
的图谱数据源,通过采集客户端或色谱数据管理系统(CDS)与科学数据管理系统
(SDMS)获取图谱数据;自定义数据主要用于上述数据源之外需求的预留接口。

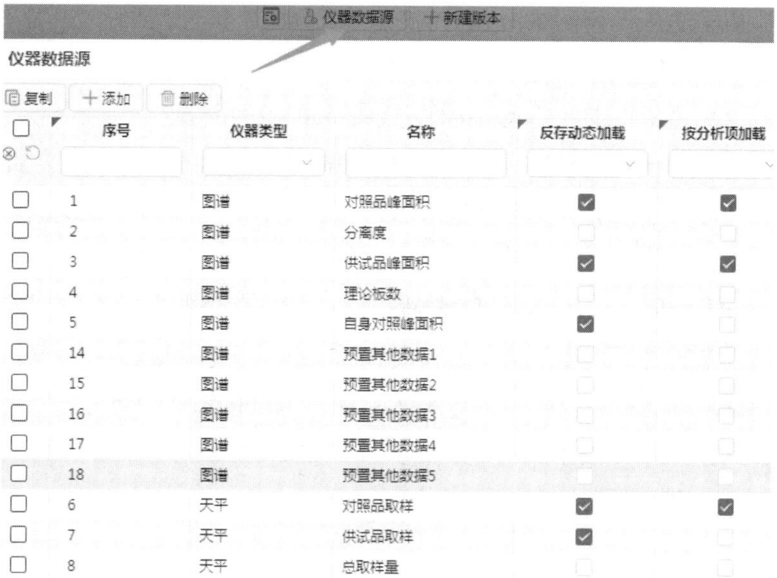

图 2-16　ELN 仪器数据源

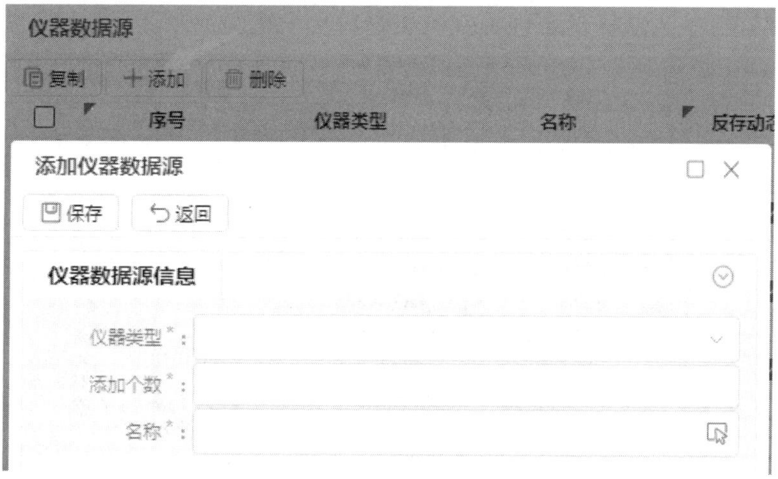

图 2-17　添加仪器数据源

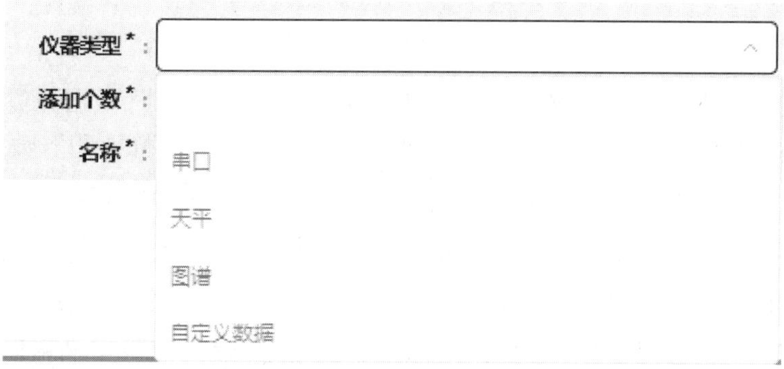

图 2-18　选择数据源的仪器类型

2. 设置仪器数据源　添加完成后，打开"数据源"，依次展开"详细数据"中的"图谱采集信息"与"天平数据"，将看到对应的图谱与称量数据源名称，将对应数据源拖放至 ELN 模板指定的单元格中即完成了数据源的设置。

部分检验项目有多个组分，在设置数据源时无法预知组分情况，因此不能预置对应数据源，将导致该模板无法兼容多组分检验项目。为了解决此类问题，三维公司设计了"多组分反存功能"来解决这类问题。

以有关物质为例，往往需要同时检测多个杂质，而编制有关物质 ELN 模板时无法得知该模板未来将处理哪些品种，需要预留多少组分。因此，"多组分反存功能"提供了一种按组分名称自动扩展的数据源功能，可以按添加的组分自动将已有的数据源分组。具体操作方法十分简单，在"仪器数据源"界面勾选"反存动态加载"与"按分析项加载"即可。相关界面见图 2-19。

仪器数据源

	序号	仪器类型	名称	反存动态加载	按分析项加载
☐	1	图谱	对照品峰面积	☑	☑
☐	2	图谱	分离度	☐	☐
☐	3	图谱	供试品峰面积	☑	☑
☐	4	图谱	理论板数	☐	☐
☐	5	图谱	自身对照峰面积	☑	☐
☐	14	图谱	预置其他数据1	☐	☐
☐	15	图谱	预置其他数据2	☐	☐
☐	16	图谱	预置其他数据3	☐	☐
☐	17	图谱	预置其他数据4	☐	☐
☐	18	图谱	预置其他数据5	☐	☐
☐	6	天平	对照品取样	☑	☑
☐	7	天平	供试品取样	☑	☐

图 2-19　仪器数据源设置界面

其中，勾选了"反存动态加载"的数据源将在"多结果列表反存"中显示，勾选"按分析项加载"后，所勾选的数据源将按添加的组分名"克隆"。以"供试品峰面积"数据源为例，有关物质一般需要记录多个杂质的峰面积，因此就需要多个对应的"供试品峰面积"数据源记录数据。当勾选"供试品峰面积"数据源的"反存动态加载"与"按分析项加载"勾选项后，假设在该有关物质项中添加了"杂质A""杂质B""单个最大杂质"与"杂质总量"共4个组分，当检验人员进行该项目的图谱数据采集时，"图谱采集"数据源界面将出现对应的"杂质A* 供试品峰面积""杂质B* 供试品峰面积""单个最大杂质 * 供试品峰面积"与"杂质总量 * 供试品峰面积"共4个以组分名称开头的供试品峰面积数据源。因此，在 ELN 模板编制中每类数据仅需编辑 1 个即可，勾选对应选项后，实际检验过程中可通过添加组分实现数据源的动态添加。

部分情况下仅需勾选"反存动态加载"，如"供试品取样"。这是因为支持多组分的 ELN 模板一般需要建立"多结果列表反存"表，只有勾选"反存动态加载"的数据源才能在"多结果列表反存"表中出现；但有关物质仅需称取一份供试品，所测得的各类杂质均以这一份取样量来计算含量，"供试品取样"数据源无需动态添加，因此无需勾选"按分析项加载"。

由于添加动态反存涉及反写数据的设计、模板页面设计与函数的应用，相关内容将在后文中详述，在完成相关章节的学习并结合实践后，读者将会对 ELN 的设计有一个更系统的认识。

（四）反写数据

反写数据又称数据反存，可将设置了反存的单元格数据从 ELN 中引出至"结果录入"界面，实现标准规定、结果、结论等数据在"结果录入"自动显示，也能将相关数据自动合成到报告书。设置数据反存可避免重复输入相同数据，并杜绝重复输入过程中可能存在的错误，同时使 LIMS 自动化程度更高，因此设置数据反存十分必要。

数据反存分为单结果反存与多结果列表反存，其操作与设置方式与上文中的详细数据与列表数据类似。在一个 ELN 中，不能同时存在单结果反存与多结果列表反存，即多结果反存可实现单结果反存的所有功能，为避免数据冲突而设置了不可共存。单结果反存顾名思义仅支持单个数据的反存，将对应的内容拖放到对应单元格内即可；列表反写数据支持多个数据的反存并具有自动扩充功能，支持称量、图谱与结果等数据的反存，尤其适用于多组分检测方法 ELN 的编制。

1. 单结果反存　单结果反存是将 ELN 中的内容单向传递给 LIMS 平台，无法从 LIMS 平台传递信息进入 ELN。

点击"ELN 模板管理"，选择拟编辑的模板并点击"编辑"进入编辑页面，点击数据源，依次展开"详细反写数据"→"单结果反存"即可看到具体单结果反存条目，见图 2-20。用鼠标左键点中对应条目，拖放至目标单元格中即可完成单结果反存的设置，此时 ELN 对应单元格中将在左上角

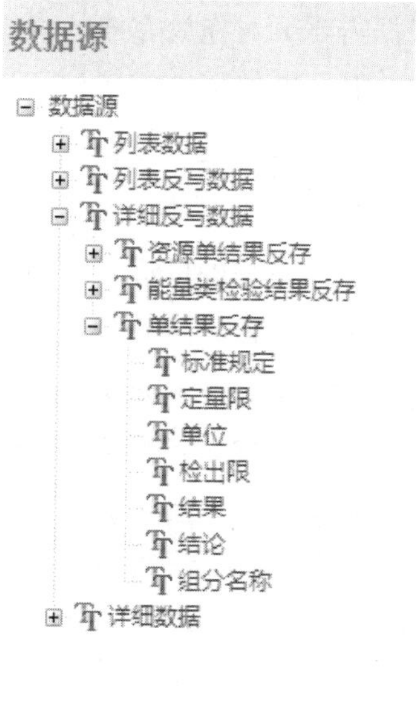

图 2-20　数据源－反写数据

显示角标并在单元格内用文字进行标记。单结果反存数据源与拖放后 ELN 效果见图 2-21。

结果	𝘳	[详细反写数据.单结果反存.结果]
标准规定	𝘳	[详细反写数据.单结果反存.标准规定]
结论	𝘳	[详细反写数据.单结果反存.结论]
备注		

图 2-21 单结果反存拖放 ELN 后效果

2. **多结果列表反存** 多结果列表反存可双向传递信息，一方面能将 ELN 中标准规定、结果、结论等信息传递给 LIMS 系统，同时也能将诸如称量、图谱数据等从外界获得的信息传递进入 ELN。

多结果列表反存采用可自动扩充的表格形式传递数据。在模板管理界面中打开拟编辑的 ELN，点击"数据源"，展开"列表反写数据"，用鼠标左键点中"多结果列表反存"并拖放到已选中的单元格区域中。值得注意的是，在进行拖放前应预先选中 2 行多列的空白单元格区域，将"多结果列表反存"项拖入该区域。拖放完毕后，该区域将出现第一行为标题行，第二行为数据行的表格。拖放 ELN 后效果见图 2-22。

图 2-22 多结果列表反存数据拖放 ELN 后效果

多结果反存表格每一列均可设置一项反存数据，但一般情况下不需要这么多列，故根据需要可对拖放完成的多结果反存表格进行合并、设置边框等操作，使表格列数与格式符合拟定要求。设置完成后，点击该表格末尾的单元格，将出现一个向下的箭头标示，点击箭头即可进行表单项选择。多结果列表反存设置界面见图 2-23，可根据实际需要通过下拉表选择对应单元格中需要的数据类型。点击确定后即完成了列表的设置，设置完成后效果见图 2-24。

由于列表反写数据设置涉及函数的使用，操作相对复杂，后文将结合实例进行详述。

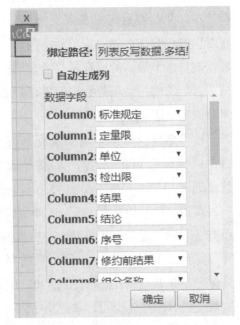

图 2-23 多结果列表反存设置界面

结果反存表												
组分名称	olumn	照品取样	照品取样	照品峰面	照品峰面	试品取样	试品取样	试品峰面	试品峰面	标准规定	结果	结论
	3									N中填写标	%	N中填

图 2-24　多结果列表反存数据设置完成后效果

（五）数据源重点注意事项

预置在 ELN 中的各类数据源有两种展示形式：一是获取到数据，相关数据均以文本格式反写入 ELN 中；二是未获取数据，将在对应 ELN 单元格中反写"/"符号。以称量 / 图谱数据源为例，相关数据往往涉及计算，而部分函数不支持以文本形式存在的数据，易导致错误，因此这两类形式值得重点关注。

当获取到数值时：以常用的 AVERAGE（求平均值）、STDEV（求标准偏差）等函数为例，如果引用的是文本格式数据将返回"#DIV/0!"错误。此时应将AVERAGE、STDEV 等函数改为 AVERAGEA、STDEVA 函数，使其将引用的文本值转换为数值后再计算即可得到正确结果；部分如 FDA（四舍六入五成双）函数本身不支持文本转换形式，需要结合 VALUE 函数将文本格式转换为数值后再进行计算。

当未获取数值时：引用返回的"/"符号会导致公式计算错误。比如某计算公式中引用了"水分"值作为计算因子，当返回数值时计算正常，但实验未涉及"水分"而返回"/"时必将导致计算错误。此时需要使用适宜的函数进行判断并将"/"符号转换为数字 1 即可避免错误的发生。

在编制 ELN 模板中将无可避免地遇到上述问题，因此务必提前了解数据源的返回形式，并进行适宜的处理。由于具体处理过程涉及相关基础知识或各类函数，后文将在实例中详细讲解。

第三章　常用函数介绍与实例

ELN 模板是基于 Excel 表格形式进行编制的。由于专业跨度大，大多数药学专业人员对计算机逻辑函数的编辑较陌生，很难将所需功能转化为计算机语言应用到 ELN 模板中，需要通过大量的积累与学习才能真正实现 ELN 的自动化与完全的锁定受控。因此笔者将 ELN 编制过程中常用的条件函数进行简要介绍并列举一些典型实例供业内人士参考。

一、运算符与引用

（一）运算符

1.算术运算符　算术运算符用来进行基本的数学计算，相关功能及说明见表 3-1。

表 3-1　算术运算符的介绍与功能

符号	名称	功能
+	加号	加法运算，如 1+1
−	减号	减法运算，如 2−1
*	星号	乘法运算，如 3*2
/	除号	除法运算，如 4/3
−	负号	负号运算，如 −5+4
%	百分号	百分比，如 60%
^	插入符	乘幂运算，如 7^5

2.比较运算符　比较运算符用来比较两个数值并返回 TRUE 或 FALSE。比较运算符多用在条件运算中，通过比较两个数据来判断下一步的计算，相关功能及说明见表 3-2。

表 3-2　比较运算符的介绍与功能

符号	名称	功能
=	等号	等于，如 A1=B2
>	大于号	大于，如 A1 > B2

符号	名称	功能
＞＝	大于等于号	大于或等于，如 A1 ＞ =B2
＜	小于号	小于，如 A1 ＜ B2
＜＝	小于等于号	小于或等于，如 A1 ＜ =B2
＜＞	不等号	不相等，如 A1 ＜＞ B2

3. 其他运算符　另有连接运算符与引用运算符在 ELN 编制中被广泛运用，相关功能及说明见表 3-3。

表 3-3　其他运算符的介绍与功能

符号	名称	功能
&	连接符号	多用于数值或文本与文本连接，如使计算结果 1.0123 与单位 "mol/L" 连接，可用连接符 1.0123&"mol/L" 使单元格完整显示为 "1.0123mol/L"
:	冒号	区域选择两个引用单元格之间的所有单元格，如 A1:A4 选中的是 A1、A2、A3、A4 四个单元格
,	逗号	联合运算符，将多个区域联合为一个引用，如 A1:A3，B1:B3 是指 A1:A3 和 B1:B3 两个区域
	空格	交叉运算符，取两个区域的公共单元格，如 A1:B3 B1:C3 是指 B1、B2、B3 三个单元格

注：ELN 中任何运算符或非文本符号均需使用英文格式。

4. 运算符的优先级　运算公式中如果使用了多个运算符，同级别的运算符从左至右计算，不同级别的运算符按优先级由高到低进行运算，运算符优先级见表 3-4。

表 3-4　算术运算符的介绍与功能

优先级	符号	名称	功能
1	^	插入符	乘幂运算
2	*	星号	乘法运算
2	/	除号	除法运算
3	+	加号	加法运算
3	−	减号	减法运算
4	&	连接符号	连接字符串
5	=	等于号	比较运算
5	＜	小于号	比较运算
5	＞	大于号	比较运算

（二）单元格的引用

单元格地址通常是由该单元格位置所在的行号和列号组合所得，如 B2 单元格指 B 列第 2 行所对应的单元格。在 ELN 中，根据地址划分单元格的引用方式有四种：相对引用、绝对引用、混合引用与三维引用。

1. 相对引用　除用户特别指明，ELN 一般是使用相对引用来引用单元格的位置。当复制有相对引用的单元格至另一单元格时，引用位置将随复制后单元格相对复制前位置的行与列变化量进行相应变化。相对引用具体操作方式与 Excel 表格一致，较为简单，此处不再赘述。

2. 绝对引用　在单元格列或行标志前加美元符号"$"即可绝对引用该列或行，若在列标志与行标志前均加入美元符号，则不论将其复制到什么位置，将总是引用该位置。虽相对引用能代替绝对引用，但绝对引用在处理共用数据时可大幅提高编制效率与自动化程度，降低出错率，因此有必要掌握该方法。

以峰面积比为例，设对照品峰面积为 100，供试品峰面积从 101~106 共 6 个数据，数据排列方式见图 3-1，拟计算供试品与对照品的比值 Ax/Ar。如果在 C2 单元格内输入"=B2/B1"可计算得到第一个数据的比值。但向下复制时，引用的对照品峰面积 B1 单元格默认会随复制往下相对移动，造成后续比例计算错误。此时，可将引用的 B1 单元格插入 $ 符号，改为 B$1，即固定分母的行为 1，不论计算列如何往下拖放，分母引用的都是 B1，并得到正确的计算结果。绝对引用效果对比见图 3-2。

	A	B	C	D
	对照品峰面积	100	Ax/Ar	Ax/Ar
	供试品峰面积	101	=B2/ B1	=B2/ B$1

图 3-1　绝对引用设置示例

	A	B	C	D
	对照品峰面积	100	Ax/Ar	Ax/Ar
	供试品峰面积	101	1.01	1.01
		102	1.00990099	1.02
		103	1.009803922	1.03
		104	1.009708738	1.04
		105	1.009615385	1.05
		106	1.00952381	1.06

图 3-2　绝对引用效果对比
（C 列为错误结果，D 列为正确结果）

若需要在多个非连续位置引用上述对照品峰面积，则建议设置为列、行均绝对引用，将对照品单元格设为 $B$1 即可。

3. 混合引用　混合地址引用指一个单元格中既有绝对引用，也有相对引用。ELN 中经常用到混合引用，如样品的水分值、平均重（装）量等共用数据可使用绝对引用，而称样量、峰面积等相对"独立"的数据多用相对引用。

4. 三维引用　药品检验原始记录中，某些相对复杂的 ELN 模板往往需要多页工作表才能完成某项目的编制，而不同工作表之间可能存在数据的引用，涉及跨工作表的引用即为三维引用。

三维引用的格式为：工作表名！单元格地址。当需要引用其他工作表中的单元格或单元格范围时，在单元格中输入"="，然后单击工作表标签，选择待引用单元格即可，系统将自动在被引用工作表名后加入"！"并加上被引用单元格地址，一般无需手动输入。

二、函数的基础知识

（一）函数的类型

ELN 中的函数共有 10 类，分别是数据库、日期与时间、工程、财务、信息、逻辑、查询和引用、数学和三角函数、统计、文本函数。其中，与 ELN 编制密切相关的重点函数有逻辑、查询和引用、数学和三角函数、统计函数 4 类。各类常用函数的功能与示例见表 3–5。

表 3–5　ELN 中的常用函数类型

类别名称	示例	功能
数据库	DCOUNT、DAVERAGE	当需要分析数据清单中的数值是否符合特定条件时，可使用数据库函数
日期与时间	DATE、DAY、MONTH	通过日期与时间函数在公式中分析处理日期和时间
工程	BESSELI、DELTA	主要用于工程分析，对复数进行处理、在不同数值系统间进行转换等
财务	PV、NPV、PMT	进行一般的财务计算，确定贷款支付额、投资未来值等
信息	ISERR、INFO	确定储存在单元格中数据的类型
逻辑	IF、AND、OR	进行真假判断或进行复合检验
查询和引用	INDIRECT、OFFSET、ROW	在数据清单或表格中查找特定数值或查找某一单元格的引用
数学和三角函数	ABS、ROUNDDOWN	进行数学和三角函数运算
统计	AVERAGE、STDEV、COUNTIF	对数据区域进行统计分析
文本	LEFT、RIGHT、VALUE	在公式中处理字符串

（二）函数的使用方法

函数使用时，需要在函数名称后括号中填写参数方能构成完整的函数。作为函数参数的数据具体种类与使用方法如下：

1. **把数值作为参数**　数值作为参数是最基础简单的形式。数组也可作为参数，一个数组就是一组数值，分别使用逗号和括号进行分隔。如需判断 A1 单元格中是否包含 1、2、3，可编辑为：=OR（A1={1，2，3}）。

2. **使用引用位置作为参数**　函数可以把单元格或单元格范围的引用作为参数。将光标放在函数名后的空括号内，点击拟引用的单元格或单元格范围即可进行引用并计算，即将其他单元格返回的数据作为参数使用。

3. **把字符作为参数**　字符包括直接输入的字符或文本字符串，在函数参数括号内非引用字符需要加 "" 符号。如统计"检出"某化合物的数量：=COUNTIF（D1:D10，" 检出 "）。

4. **把表达式作为参数**　ELN 可以把表达式作为参数，所谓表达式就是"公式"，当 ELN 遇到把表达式作为参数时，会先计算这个表达式，然后使用结果作为参数值。如：=ROUNDDOWN（G11*（100+C12）/100，4）。

5. **把其他函数作为参数**　ELN 可以将其他函数作为参数。这类情况通常称为"嵌套"函数，ELN 首先计算最深层的嵌套表达式，逐渐向外扩展。如：=ROUNDDOWN（B3/IF（A3=" 片剂 "，20，IF（A3=" 胶囊 "，20，IF（A3=" 膜剂 "，20，IF（A3=" 颗粒剂 "，10，IF（A3=" 散剂 "，10，IF（A3=" 栓剂 "，10，20))))))，4）。

（三）常见错误与说明

在使用公式与函数进行运算时，有时会发现不能得出正确的运算结果，相反会返回一个特殊符号，这个符号就是错误值。具体错误值及其说明见表 3-6。

表 3-6　常见错误值的说明

错误值	说明
#DIV/0!	公式中使用了 0 作为余数，或者公式中使用了一个空单元格
#N/A	公式中引用的数据对函数或公式不可用
#NAME？	公式中使用了 ELN 不能辨认的文本或名称
#NULL!	公式中使用了一种不允许交叉但却交叉了的两个区域
#NUM!	使用了无效的数值
#REF!	公式中引用了一个无效的单元格
#VALUE!	函数中使用的变量或参数类型错误

三、常用函数介绍

（一）日期和时间函数

1. TODAY 函数　当需要 ELN 自动记录实验原始记录填写结束日期或报告最后编辑日期，可用 TODAY 函数实现。该函数用于获取当前日期，表达式为：TODAY( )，括号内无需填写任何参数，返回当前系统日期，并可在"设置单元格格式"中指定格式。

2. NOW 函数　当需要 ELN 自动记录实验原始记录填写结束的具体时间时，可用 NOW 函数实现。该函数用于获取当前日期与时间，表达式为：NOW( )，括号内无需填写任何参数，返回当前系统日期与时间，并可在"设置单元格格式"中指定格式。

3. YEAR、MONTH、DAY 函数　在 ELN 中，可使用 YEAR、MONTH、DAY 函数分别返回一个日期数据对应的年份、月份和日期，表达式为 YEAR/MONTH/DAY（serial_number）。如 A1 单元格中日期为 2020-2-1，在其他单元格中输入 =YEAR（A1）即输出 2020，同法应用 MONTH、DAY 函数则分别输出 2 与 1。

4. HOUR、MINUTE、SECOND 函数　在 ELN 中，可使用 HOUR、MINUTE、SECOND 函数分别返回一个时间数据对应的小时数、分钟数和秒数，表达式为 HOUR/MINUTE/SECOND（serial_number），用法与日期函数类似。

（二）逻辑函数

逻辑运算主要包括逻辑与、逻辑非和逻辑或。在 ELN 中逻辑函数是在进行条件匹配、真假判断后返回不同的数值或者进行多重复合检验的函数。常见的逻辑函数有逻辑与运算函数 AND、逻辑或运算函数 OR、逻辑非运算函数 NOT 与条件函数 IF 等。

1. AND 函数　AND 函数的功能是对多个逻辑值进行交集运算，它的表达式为：AND（logical1，logical2，…）。参数个数在 1~30 个之间，参数类型必须是逻辑值或计算结果为逻辑值的表达式，函数返回值也为逻辑值。当所有参数的逻辑值为真，则返回 TURE；若有一个参数的逻辑值为假，则返回 FALSE。

如某有关物质项需自动判断项目结论，杂质 1~ 杂质 3 结果存于 E1~E3 单元格中。当各杂质含量均符合规定时，返回 TURE；其中 1 个或多个杂质含量不符合规定则返回 FALSE。此时可在项目结论单元格中输入：=AND（E1=" 符合规定 "，E2=" 符合规定 "，E3=" 符合规定 "）即可。配合 IF 函数，可实现直接输出拟定的结论。

2. OR 函数　OR 函数的功能是对多个逻辑值进行交集运算，它的表达式为：OR（logical1，logical2，…）。参数个数在 1~30 个之间，参数类型必须是逻辑值或计算结果为逻辑值的表达式，函数返回值也为逻辑值。与 AND 函数不同的是，如果有一个参数的逻辑值为真，则返回 TURE；若有所有参数的逻辑值均为假，才返回 FALSE。

同 AND 函数中所举例子，若判断条件换为只要出现不符合规定则返回 FALSE，此时可改用 OR 函数，但返回值则相反。当各杂质含量均符合规定时，返回 FALSE；其中 1 个或多个杂质含量不符合规定则返回 TURE，同样可实现结论的自动判断。在项目结论单元格中输入：=OR（E1=" 不符合规定 "，E2=" 不符合规定 "，E3=" 不符合规定 "）即可。

3. NOT 函数　NOT 函数的功能是对参数值求反，它的表达式为：NOT（logical）。它只有一个参数 logical，logical 是一个可以返回 TURE 或 FALSE 的逻辑值或逻辑表达式。

如 OR 函数示例中各杂质符合规定时返回 FALSE，若需将返回值改为 TURE，可将 OR 函数在 NOT 函数中进行嵌套处理。在项目结论单元格中输入：=NOT（OR（E1=" 不符合规定 "，E2=" 不符合规定 "，E3=" 不符合规定 "））即可。

4. IF 函数　IF 函数是 ELN 编制中应用最为广泛的函数之一，其作用十分重要。IF 函数的功能是执行真假判断，根据逻辑计算的真假值返回不同的结果。它的表达式为：IF（logical_test，value_if_ture，value_if_false）。它共有 3 个参数，logical_test 为判断条件，条件为真返回 value_if_ture 值；为假返回 value_if_false 值。

同 AND 函数中所举例子，若需要各杂质含量均符合规定时返回"符合规定"，其中 1 个或多个杂质含量不符合规定时返回"不符合规定"，而不是返回 TURE 或 FALSE 时，可使用 IF 函数进行处理。在项目结论单元格中输入：=IF（AND（E1=" 符合规定 "，E2=" 符合规定 "，E3=" 符合规定 "），" 符合规定 "，" 不符合规定 "）即可。

又如，在做恒重时，要求两次称量在 0.3mg 以内则认为恒重，此时可用 IF 函数实现对计算结果进行判断。具体见图 3-3。第一个参数判断（B1-B2）是否 <= 0.0003，若 B1 单元格数值减去 B2 单元格数值后的结果小于等于 0.0003，则显示 B1 减去 B2 单元格数值的结果；如果不是，则显示 error。

	A	B	C	D	E	F
		B3	fx	=IF((B1-B2)<=0.0003,B1-B2,"error")		
1	第一次恒重	0.1234	0.1234			
2	第二次恒重	0.1232	0.1229			
3	结果	0.0002	error			

图 3-3　IF 函数示例

（三）查找与引用函数

ELN 中使用频率较高的查找与引用函数主要有 INDIRECT 函数、ROW 函数、HLOOKUP 函数与 VLOOKUP 函数，用于定位并引用单元格。与无公式的相对引用不同，INDIRECT 与 ROW 函数不受插入单元格的影响，其引用位置不会出现相对变化，这个特性在实现多数据列表反存自动化方面具有重要意义。

1. INDIRECT 函数 INDIRECT 函数用于引用指定单元格中的内容，它的表达式为：INDIRECT（ref_text，[a1]）。

参数 ref_text 有两种引用方式，一种是带 "" 的引用，用于返回引用单元格的文本值；另一种是不带 "" 的引用，用于返回引用单元格的值。参数 [a1] 为一逻辑值，指明包含在单元格 ref_text 中的引用的类型，如果 [a1] 为 TRUE 或省略，ref_text 被解释为 A1– 样式的引用，如果 [a1] 为 FALSE，ref_text 被解释为 R1C1– 样式的引用。ELN 中一般隐藏 [a1] 参数。

如在 ELN 中设置的多结果列表反存一般仅设一行组分，当有多个组分时该反存表将按组分个数向下自动插入行。假设预设的第一组分对照品取样量在多结果反存表的第一行单元格 I25，若使用相对引用 "=I26" 获取第二组分对照品取样量，在多结果反存表自动向下扩充第二组分行后，预设的第二组分相对引用值将同时随自动扩充而变为 "=I27"，即相对引用永远无法指向扩充后的待引用值。此时可使用 INDIRECT 函数解决相对引用受插入行影响的问题，在单元格中输入：=INDIRECT（"I"&26）即可。

值得注意的是，该函数的参数为单元格地址，其中列号需要用 "" 号括起来，行号为数值，需要用 & 号连接。

2. ROW 函数 ROW 函数在 ELN 中主要用于返回单元格的行位置数值，它的表达式为：ROW（reference）。

参数 reference 为单元格地址，可进行相对引用。如 ROW（K3）返回数值 3。在 ELN 中，ROW 函数多与 INDIRECT 函数配合使用，达到引用多结果反存列表值的作用，具体应用将在后文中详述。

3. HLOOKUP 函数与 VLOOKUP 函数 HLOOKUP 函数与 VLOOKUP 函数通过查找表格或数组首行值，返回表格或数组同一行或列指定位置的值。HLOOKUP 函数用于横向查找数据，而 VLOOKUP 函数用于纵向查找数据。HLOOKUP 函数的表达式为：HLOOKUP（lookup_value，table_array，row_index_num，range_lookup）；VLOOKUP 函数的表达式为：VLOOKUP（lookup_value，table_array，col_index_num，range_lookup）。其中，参数 lookup_value 用于设定需要在表的第一行中进行查找的值，可以是数值，也可以是文本字符串或引用；参数 table_array 用于设置要在其中查找数据的数据表，可以使用区域或区域名称的引用；参数 row_index_num 或 col_index_num 为在查找之后要返回的匹配值的行序号或列序号；参数 range_lookup 是一个逻辑值，用于指明函数在查找时是精确匹配，还是近似匹配。

比如，药品检验中紫外光谱法鉴别往往涉及多个最大吸收与最小吸收波长，同时需要计算某最大吸收波长下某物质的吸收系数，此时如何通过选择该最大吸收波长即可返回吸收度就成了 ELN 编制人员必须面对的问题。对于掌握了 IF 函数的编制人员来说，可以通过 IF 函数的嵌套来实现对应吸收度的取值。但为了最大程度的兼顾通用性，波长个数往往需要预设多个单元格承载数据，因此会导致嵌套层数多，编辑难度大。而通过 LOOKUP 函数可方便快捷地达到所需目的。

以 HLOOKUP 函数为例，可设置如图 3-4 所示的表格进行吸收度比值的计算。图中，第一行为序号行，这里预设了 5 列，能满足绝大多数品种的要求。第二行为最大吸收原始数据与修约值行。第三行为吸收度。供试品吸收度比值预设两行，并设置下拉表供最大吸收波长 / 最小吸收波长及对应吸收度的选择。在吸收度比值计算单元格中输入：=IF（C21="λmax"，HLOOKUP（D21，C16:L20，3，0），HLOOKUP（D21，C16:L20，5，0））/IF（F21="λmax"，HLOOKUP（G21，C16:L20，3，0），HLOOKUP（G21，C16:L20，5，0）），即可根据选择的内容自动返回对应数据。其中，第一个 HLOOKUP 函数的 lookup_value 参数为 D21，在 D21 单元格中输入表格第一行对应的序号即可定位到该列；table_array 数为列表范围；row_index_num 参数指列表第一行到拟取值单元格中间共有几行，从图中可知序号行到 A_{max} 行一共有 3 行，因此该参数填 3 即可；range_lookup 参数一般要求精确查找，因此填 0。以此类推即可得知整条公式所表达的含义。

	A B	C	D	E	F	G	H	I	J	K	L
16	供试品	1#		2#		3#		4#		5#	
17	λmax/修约(nm)										
18	Amax										
19	λmin/修约(nm)										
20	Amin										
21	供试品吸收度比值	▼	1# ▼		▼	▼	比值为		修约		保留位数
22		▼	1# ▼		▼	▼					2

图 3-4　HLOOKUP 函数应用示例

填写相关数据后，表格最终效果见图 3-5。

	A B	C	D	E	F	G	H	I	J	K	L
16	供试品	1#		2#		3#		4#		5#	
17	λmax/修约(nm)	256.3	256			365.7	366				
18	Amax	0.5678				0.6789					
19	λmin/修约(nm)	332.5	332								
20	Amin	0.1234									
21	供试品吸收度比值	λmax ▼	1# ▼	与	λmax ▼	3# ▼	比值为	0.83	修约	0.8	保留位数
22		λmin ▼	1# ▼	与	λmax ▼	3# ▼		0.18		0.2	2

图 3-5　HLOOKUP 函数使用效果示例

（四）数学与三角函数

ELN 中使用频率较高的数学与三角函数有 ABS 函数、ROUNDDOWN 函数、ROUNDUP 函数与 SUM 函数。

1. ABS 函数　ABS 函数用于计算某一数值的绝对值，它的表达式为：ABS（number），参数 number 表示要计算绝对值的数值。

如 A1 单元格中数值为 –0.1234，在 B1 单元格中输入"=ABS（A1）"，返回值为 0.1234。

2. ROUNDDOWN 函数　用于向下舍入数字，即多余小数的舍弃。它的表达式为：=ROUNDDOWN（value，places）。参数 value 为待处理数值，places 为小数位数。一般 ELN 与 Excel 计算结果会保留尽量多的位数，但计算结果的小数位数并非越多越好，而是只需要保留与测定精度相匹配的小数位数。如果通过修改数字格式，采用规定数值位数方式保留小数位数会导致修约规则"四舍五入"与药品检验行业规定的修约规则"四舍六入五成双"不符。此时可采用 ROUNDDOWN 函数直接去除多余小数。如：ROUNDDOWN（0.137551，4）=0.1375；ROUNDDOWN（0.137551，2）=0.13；ROUNDDOWN（0.137551，0）=0。即逗号后的数值就是要保留的小数位数，之后不论任何数字，一概去除，不做进位处理。

要特别注意，该函数仅能在最终结果展示时中使用，计算过程不得使用。比如，设计算公式为 A 供 /A 对 × 对照品稀释倍数 / 供试品稀释倍数 =C%。若稀释倍数为无穷数，不得使用 ROUNDDOWN 函数将稀释倍数取到某小数位后再进行计算。虽然 ROUNDDOWN 函数并不是严格意义上的"修约"，但可能会引入比二次修约更大的误差，在计算过程中使用该函数等同于二次修约。正确的做法应该是按上述公式将数据全部带入一次性计算或引用未经任何修饰的计算值计算结果，如果需要求平均值还要将未经修约的各原始值进行平均值计算，直到得到最终结果才能用 ROUNDDOWN 函数显示适宜位数。

3. ROUNDUP 函数　用于向上舍入数字，使用方式与 ROUNDDOWN 函数类似，但舍入方式不同。它的表达式为：=ROUNDUP（value，places）。参数 value 为待处理数值，places 为小数位数。如 RSD 为体现数据的偏差，采用的修约规则为只进不舍的"非零值修约法"，即非"0"数值一概进位，此时可用 ROUNDUP 函数实现 RSD 的修约。具体使用方法可参考 ROUNDDOWN 函数。

4. FDA 函数　为北京三维天地科技股份有限公司 ELN 特有函数，用于实现"四舍六入五成双"修约规则。它的表达式为：=FDA（value，places）。如：设 B1=0.15，保留 1 位，=FDA（B1，1），显示为 0.2。当 LIMS 平台未提供该函数时，可使用通用函数组合公式"=ROUNDDOWN（ROUND（平均值，保留位数值 –1）–（MOD（平均值 *10^（保留位数值），20）=5）*10^（– 保留位数值 –1），保留位数值 –1）"解决。

5. SUM 函数　SUM 函数指的是返回某一单元格区域中数字、逻辑值及数字的文本表达式之和。如果参数中有错误值或为不能转换成数字的文本，将会导致错误。它的表达式为：=SUM（number1，[number2]，... ）。参数 number1 为必需参数，是参与相加的第一个数字，number2 等为参与相加的其他数字。参数可以是数字、单元格引用或单元格范围。如果参数为数组或引用，只有其中的数字将被计算。值得注意的是，数组或引用中的空白单元格、逻辑值、文本将被忽略。

（五）统计函数

ELN 中使用频率较高的统计函数有 AVERAGE 函数、AVERAGEA 函数、STDEV 函数与 STDEVA 函数、COUNTIF 函数等。

1. AVERAGE 函数　AVERAGE 函数用于求平均值。它的表达式为：=AVERAGE（number1，[number2]，…）。number1，number2 等为要计算平均值的 1~30 个参数。这些参数可以是数字，或者是涉及数字的名称、数组或引用。值得注意的是，如果数组或单元格引用参数中有文字、逻辑值或空单元格，则忽略其值。但是，如果单元格包含零值则计算在内。

2. AVERAGEA 函数　AVERAGEA 函数同样用于求平均值，其表达式与 AVERAGE 函数相同。但 AVERAGEA 函数的参数包括了文本和逻辑值。如 ELN 中如果某单元格设置了数据源，数据源返回值默认是文本格式，此时使用 AVERAGE 函数计算平均值将忽略文本格式的数据源。此时可采用 AVERAGEA 函数进行求值，该函数将文本转换为数字后进行处理，得到正确的计算结果。

3. STDEV 函数　STDEV 函数用于求样本的标准偏差。它的表达式为：=STDEV（number1，[number2]，…）。number1，number2 等为要计算标准偏差的 2~255 个参数。这些参数可以是数字，或者是涉及数字的名称、数组或引用。值得注意的是，如果数组或单元格引用参数中有文字、逻辑值或空单元格，则忽略其值。但是，如果单元格包含零值则计算在内。

4. STDEVA 函数　STDEVA 函数同样用于求样本的标准偏差，其表达式与 STDEV 函数相同。但 STDEVA 函数的参数包括了文本和逻辑值。

5. COUNTIF 函数　COUNTIF 是对指定区域中符合指定条件的单元格计数的函数。它的表达式为：=COUNTIF（range，criteria）。如设 A1~A10 单元格中依次填充 1~10，B1 单元格内数值为 8，需要统计 A1~A10 单元格中大于 B1 数值的单元格数量，可输入 =COUNTIF（A1:A10，" > "&B1），计算输出 2。

值得注意的是，该函数 criteria 参数条件符号为文本，需要用 "" 号括起来，并用 & 号连接单元格引用或数值。

（六）文本函数

文本函数在 ELN 中使用频率较高，主要涉及 LEFT 函数、RIGHT 函数、MID 函数、VALUE 函数、FIXED 函数、LEN 函数与 FIND 函数等。

1. LEFT、RIGHT 函数与 MID 函数　LEFT、RIGHT 函数与 MID 函数均用于获取文本中特定位置的内容。LEFT 与 RIGHT 函数的表达式为：LEFT（text，num_chars）与 RIGHT（text，num_chars）；MID 函数的表达式为：MID（text，start_num，num_chars）。

RIGHT 函数用于获取文本中从右侧指定数量字符。如 A1 单元格中为文本"修约位数：2"，需要获取数字 2，可输入 =RIGHT（A1，1），即可返回 2。

LEFT 函数用于获取文本中从左侧指定数量字符。如 A1 单元格中为文本"21.3摄氏度"，需要获取数字 21.3，可输入 =LEFT（A1，4），即可返回 21.3。

MID 函数用于获取文本中指定位置右侧指定数量的字符。如 A1 单元格中为文本"置 100ml 量瓶中"，需要获取"100ml"，可输入 =MID（A1，2，5），即可返回 100ml。

2. VALUE 函数　VALUE 函数用于将代表数字的文本字符串转换成数字。它的表达式为：VALUE（text）。

该函数虽简单，但在 ELN 中的应用十分重要。药品检验行业对数值显示的格式要求十分严谨，比如称取 1.2000g 与称取 1.2g 背后的意义有很大差别，因此需要将小数位数完整无误的显示。众所周知，Excel 表格数字格式为常规时，将自动去除小数末尾多余的"0"，可导致歧义。因此，ELN 的数据源返回值使用了文本格式，确保显示与实际输入值完全一致。但文本格式的数字将影响部分函数的计算，此时可用VALUE 函数将文本转换为数字后再带入计算。

该函数使用十分简单。设 A1 单元格中有数据源返回的文本数值"21.30"，要对其进行修约至整数，当输入：=FDA（A1，0），由于 A1 单元格中的数值为文本导致输出结果为"#N/A"。此时可输入：=FDA（VALUE（A1），0），即可输出数字 21。

3. FIXED 函数　FIXED 函数指将数字按指定的小数位数进行取整，以小数格式对该数进行格式设置，并以文本形式返回结果。它的表达式为：FIXED（number，decimals，no_commas）。number 参数为要进行四舍五入并转换成文本字符串的数；decimals 参数用以指定小数位数，如果忽略，则默认 decimals=2；no_commas 为一逻辑值，用于设置返回格式，ELN 中一般不需填写该参数。

设 A1 单元格中有数值 0.12345，当输入：=FIXED（A1，4），此时经"四舍五入"规则将返回文本值 0.1235；当输入：=FIXED（A1，6），将返回文本值 0.123450。虽然药品检验行业一般不使用"四舍五入"规则，但该函数返回文本值的功能极其重要，可以解决 ELN 自动删除"常规"型数值小数末尾"0"值的问题，在 ELN 中广泛使用。相关功能的原理与实现方式在后文中详述。

4. LEN 函数与 FIND 函数　LEN 函数的主要作用是返回文本字符串中的字符串长度。它的表达式为：=LEN（text）。函数执行成功时返回字符串的长度。如设 text 参数引用的是由数据源返回的称量值 0.1234，则返回 6。

FIND 函数用来对原始数据中某个字符串进行定位，返回该字符从左至右的字符数。FIND 函数进行定位时，从指定位置开始，返回找到的第一个匹配字符串的位置，而其后相匹配的字符将被忽略。它的表达式为：=FIND（find_text，within_text，start_num），find_text 参数为要查找的字符串，如为文本格式则需用 "" 号括起来。如设within_text 参数引用的是由数据源返回的称量值 0.1234，find_text 参数为 "."，则返回 2，即小数点位置为从左至右第二个字符。

在 ELN 中，LEN 函数与 FIND 函数一般需要配合使用，用于实现整数位数、小数位数的判断以及实现其他自动化功能。如判断 A1 单元格存储的 0.1234 这个数的小数位数，可用组合函数：=LEN（A1）−FIND（"."，A1），返回 4。

四、应用实例

通过上述介绍的主要函数组合应用，可实现药品检验行业 ELN 中大多数情况下数据与文字的处理，并能达到一定的自动化效果，不仅提升了 ELN 的规范性、准确性，还能大幅提高检验过程中的填写效率。笔者将一些常用的应用实例简要阐述如下，供业内人士参考。

（一）让单元格不显示 "0" 或 "#DIV/0!"

ELN 与 EXCEL 表格类似，若在计算结果的单元格内编有公式，引用位置留白待检验员填写时，计算单元格内一般会显示 "0"；若引用的分母是空白、"0" 或非数字如 "/" 时，则会显示 "#DIV/0!"。ELN 作为原始记录的载体，显示 "0" 或 "#DIV/0!"在某些情况下还会导致歧义，也不美观。因此要尽量让被引用单元格未填写数据或填写了 "/" 时，结果单元格显示空白为佳。此时可以通过 IF 函数解决这个问题。

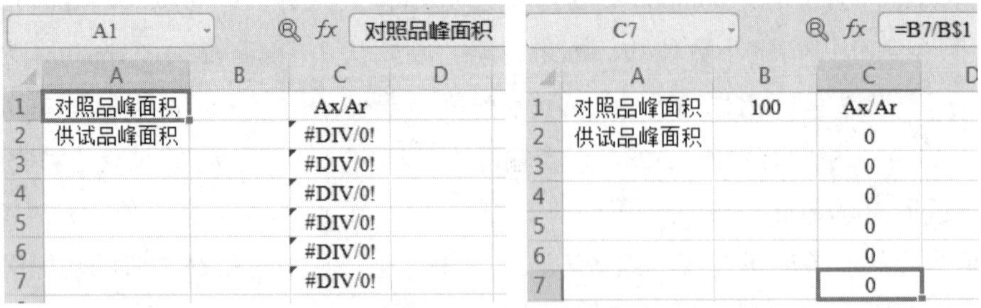

图 3-6　处理前单元格示例

如图 3-6 所示，当未填写作为分母的对照品峰面积时，结果栏显示 "#DIV/0!"。此时可将原公式 "=B2/B$1" 修改为 "=IF（B$1=""，""，B2/B$1）"，意思是：如果

（B$1= 空白，则显示空白，否则返回 B2/B$1 的计算结果），即可达到留白的目的。

进一步，如果填写对照品峰面积后，未填写作为分子的供试品峰面积，计算单元格内又会显示"0"，此时可结合 OR 函数解决。将上述公式修改为："=IF（OR（B$1=""，B2=""），""，B2/B$1）"，意思是：如果（B$1 或 B2 均是空白，则显示空白，否则返回 B2/B$1 的计算结果）。处理效果见图 3-7。

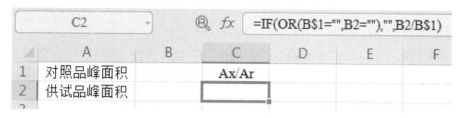

图 3-7　处理后单元格示例

（二）实现可编辑的小数位数

药品检验行业原始记录一般需要受控管理，而 ELN 模板受控主要通过关键单元格锁定来实现。如某项目含量测定结果栏存有计算公式，为对该模板计算结果进行受控，需要锁定该单元格，限制检验人员的编辑权限，从而确保计算公式不被篡改。但实际应用过程中，不同质量标准对结果有效位数的要求不同，锁定单元格后会导致结果位数与质量标准不符。此时可用引用单元格数值的方式设置保留位数参数。

以计算峰面积比为例，设质量标准要求计算某组分样品峰面积与对照品峰面积之比，具体形式如图 3-8 所示，结果保留 2 位有效数字。若在 C2 单元格中输入：=ROUNDDOWN（A2/B2，2），可以满足该标准要求，但如果锁定单元格后其他标准要求有效数位不同，则无法满足要求。此时可建立"保留位数"列，采用引用单元格的方式设置 ROUNDDOWN 函数，C2 单元格公式改为：=ROUNDDOWN（A2/B2，E2），即可灵活的修改保留位数。

| | C2 | | X ✓ fx | =ROUNDDOWN(A2/B2,E2) |

	A	B	C	D	E	F	G
1	A样	A对	A样/A对	修约	保留位数		
2	1234	1123	1.09	1.1	2		

图 3-8　可编辑小数位数示例

进一步，如果要对该数据进行修约，同样可以做到灵活自动的处理。修约可使用 FDA 函数，该函数的 places 参数同样支持引用与计算，而修约值一般比待修约数有效数位少一位，可以利用该特点进行自动计算。在修约栏数据单元格中输入：

=FDA（C2，E2-1），即可实现自动修约。可见，ELN 中函数参数的使用是灵活多变的，可以采用各种方式或组合提高 ELN 的自动化。

（三）解决自动删除小数末尾"0"值

ELN 与 Excel 类似，常规型数值将会自动删除小数末尾"0"值，导致结果与标准规定小数位数不一致，可通过 FIXED 函数结合 ROUNDDOWN 函数与 VALUE 函数解决这类问题。

众所周知，Excel 中常规型数值小数末尾"0"值将被自动删除，如在常规型单元格中输入：0.123450，返回 0.12345。若将该单元格改为文本格式，直接输入的数值能显示末尾"0"值，但由计算公式输出的数值依然不能正确显示。通过设置单元格为数值型，并指定小数位数可以正确显示小数位数，但操作繁琐，且导致对应单元格无法锁定受控。

在上文介绍的"实现可编辑的小数位数"实例中，介绍了通过 ROUNDDOWN 函数中"num_digits"参数引用其他单元格数值实现灵活修改保留位数的方法。ROUNDDOWN 函数返回值为数值型，因此小数末尾"0"值在常规型单元格中将被删除。此时，若使用 FIXED 函数处理 ROUNDDOWN 函数返回值，并使 FIXED 函数的"decimals"参数引用 ROUNDDOWN 函数"num_digits"相同的单元格即可实现返回值显示正确的小数位数。由于两个函数保留的小数位数相同，此时 FIXED 函数不会进行修约操作，不会导致数值错误。

设 A1 单元格内数值为 0.12005，B1 单元格为 4。当在常规型单元格 C1 输入：=ROUNDDOWN（A1，B1），返回数值 0.12，第 3、4 位小数的"0"被删除；将该公式修改为：=FIXED（ROUNDDOWN（A1，B1），B1），返回文本 0.1200。

值得注意的是，若需要引用 C1 单元格参与修约等运算，则需将 C1 单元格文本值转换为数值。如使用 FDA 函数进行修约：=FDA（VALUE（C1），B1-1），返回 0.12，若不使用 VALUE 函数对 C1 单元格的文本数值进行数据转换，将返回 #VALUE！。此时返回的 0.12 仍不符合修约小数位数要求，这是因为返回值末尾"0"值又被自动删除。按上述方法将公式改为：=FIXED（FDA（VALUE（C1），B1-1），B1-1），即返回正确的结果 0.120。

（四）RSD 与 RD 的计算

1. RSD 的计算　ELN 中没有直接计算 RSD 的函数，需要使用 STDEV 函数与 AVERAGE 函数组合使用。相对标准偏差（RSD）指标准偏差与计算结果算术平均值的比值，其中 STDEV 函数用于标准偏差的计算，AVERAGE 函数用于算数平均值的计算。

以计算含量测定结果 RSD 为例，具体形式如图 3-9 所示，在 RSD 栏数据单元格中输入：=ROUNDUP（STDEV（A2:B2）/AVERAGE（A2:B2）*100，2），即可算出 RSD 值。由于 RSD 修约需要遵循"非零进位法"，因此需要使用 ROUNDUP 得到 RSD 修约值。但要注意，如果 RSD 结果并未明确要求显示修约值，则仍需使用 ROUNDDOWN 函数。另外，RSD 值一般保留 2 位有效数字即可，因此 places 参数直接填写数字 2 即可，无需再引用。

f_x	=ROUNDUP(STDEV(A2:B2)/AVERAGE(A2:B2)*100,2)	

	A	B	C	D
1	含量1%	含量2%	RSD%	
2	98.25	99.61	0.98	

图 3-9　RSD 计算示例

2. RD 的计算　药典明确规定非水滴定应记录相对偏差，相对偏差（RD%）=[（平均值 – 测定值）/ 平均值] × 100%。以计算含量测定 RD 为例，具体形式如图 3-10 所示，在 RD 数据单元格中输入：=ROUNDDOWN（ABS（AVERAGE（E2:F2）–E2）/ AVERAGE（E2:F2）*100，2），即可算出 RD 值。

f_x	=ROUNDDOWN(ABS(AVERAGE(E2:F2)-E2)/AVERAGE(E2:F2)*100,2)	

	E	F	G	H	I	J	K	L
1	含量1%	含量2%	RD%					
2	98.25	99.61	0.68					

图 3-10　RD 计算示例

3. 用下拉表实现 RSD 与 RD 的选择与自动计算　容量分析法 ELN 模板如果能兼容不同滴定方法，则可降低模板数量，降低编制工作量，也能降低模板验证与受控的数量。但普通滴定与非水滴定重复性评价方法又不相同，因此设计一种能兼容 RSD 与 RD 两种计算方式的处理方法就显得尤为重要了。

具体解决实例为：在列标题单元格中按第二章中所述方法建立"组合框类型"，设置"RSD%"与"RD%"两个项目，即可实现该单元格下拉组合框，使用效果见图 3-11。在数据单元格中输入：=IF（I1="RSD%"，ROUNDUP（STDEV（G2:H2）/AVERAGE（G2:H2）*100，2），

G	H	I
含量1%	含量2%	RD% ▼
98.25	99.61	RSD%
		RD%

图 3-11　建立下拉组合框示例

41

ROUNDDOWN（ABS（AVERAGE（D2:E2）–D2）/AVERAGE（D2:E2）*100，2）），即可根据 RSD 与 RD 的选择进行对应的计算。其中，IF 函数 "logical_test" 判断参数为 "I1="RSD%""，若检验员在标题单元格选择 RSD%，则该判断参数返回 "TURE"，执行 "value_if_ture" 参数，即 ROUNDUP（STDEV（G2:H2）/AVERAGE（G2:H2）*100，2），进行 RSD 的计算；若检验员在标题单元格选择 RD%，则判断参数返回 "FALSE"，执行 "value_if_false" 参数，即 ROUNDDOWN（ABS（AVERAGE（D2:E2）–D2）/AVERAGE（D2:E2）*100，2），进行 RD 的计算，从而实现不同计算方法的选择并自动计算。

值得注意的是，当 "logical_test" 参数是文本比较时，参数内容需要用 "" 号括起来。

（五）自动判断恒重结果

在上述 IF 函数介绍中列举了用 IF 函数实现恒重结果的显示。但该例中使用的函数其实并不完整，假设第二次称量重量增加并超过 0.3mg 是不能判为恒重的，但上述判断结果不为 error，这是因为在第二次称量重量增加的情况下，运算结果为负数，负数在数理上是小于正数的，IF 函数的判断参数仍然返回 "TURE"。比如第一次恒重为 0.1234g，第二次 0.1238g，差值为 –0.0004g，–0.0004 < 0.0003，返回 "真值" 结果，未返回 error，与两次恒重差值在 0.3mg 以内的判断标准不符，见图 3–12。此时可以加入 ABS 函数。加入 ABS 函数后，ABS（B1-B2）=0.0004，不是 –0.0004，使 IF 函数返回了正确的判断结果。具体见图 3–13。

B3		fx	=IF((B1-B2)<=0.0003,B1-B2,"error")		
	A	B	C	D	E	F
1	第一次恒重	0.1234	0.1234			
2	第二次恒重	0.1238	0.1229			
3	结果	-0.0004	error			
4						

图 3-12　自动判断恒重结果（修正前）

B3		fx	=IF(ABS(B1-B2)<=0.0003,B1-B2,"error")		
	A	B	C	D	E	F
1	第一次恒重	0.1234	0.1234			
2	第二次恒重	0.1238	0.1229			
3	结果	error	error			

图 3-13　自动判断恒重结果（修正后）

（六）统计超过限度数值的个数

在统计重（装）量差异数值时，因为数据量相对较大而存在导致漏判或误判的风险，同时逐一核对又费时费力，因此有必要在 ELN 中设计一种能自动判断超限数值个数的方法，杜绝类似风险的发生。在 ELN 中，COUNTIF 函数能较好地实现该目的。

设 C1~L10 为重（装）量差异称量数值区，该区域即 COUNTIF 函数 range 参数的范围。设某药品为片剂，限度范围为 ±7.5，其 20 片总片重均值的 ±7.5 即为 COUNTIF 函数 criteria 参数值。具体形式如图 3-14。在结果栏中输入 =IF（（COUNTIF（C7:L10，" < "&H12）+COUNTIF（C7:L10，" > "&K12））=0，" 均在范围内 "，" 有超限数据 "），即可初步判断是否有超限数据。其中单元格 H12 为重量差异下限，K12 为上限，COUNTIF（C7:L10，" < "&H12）的意义为统计 C7:L10 区域中小于下限数值的数据个数。同法将 criteria 参数改为 " > "&K12 即为统计大于上限数值的个数。当称量数据区所有数据均在限度范围内，结果栏显示"均符合规定"，有数据低于或高于限度时，结果栏显示"有超限数据"。根据结果栏的显示，可以快速得知是否存在超限数据，起到提示作用。

进一步，上述 COUNTIF 函数可直接获得超限数据个数，在结果栏中输入：=IF（（COUNTIF（C7:L10，" < "&H12）+COUNTIF（C7:L10，" > "&K12））=0，" 均在范围内 "，" 有 "&（COUNTIF（C7:L10，" < "&H12）+COUNTIF（C7:L10，" > "&K12）&" 个数据超过限度 "&"，有 "&（COUNTIF（C7:L10，" < "&（G11*（100−C12*2）/100））+COUNTIF（C7:L10，" > "&（G11*（100+C12*2）/100））&" 个数据超过限度 1 倍 "）））），即可得到超限数据个数与超限 1 倍数据个数，实现结果的全自动判断。其中，通过 C12（限度）*2 得到超限 1 倍的限度值，经百分值转换再与 G11 相乘即得到了具体的限度范围。可见，实现结果自动化判断与计算的过程并不复杂，通过几种函数的组合应用即可获得理想的效果，大幅提升检验效率与准确性。

	A	B	C	D	E	F	G	H	I	J	K	L
7	1~10称量值(g)		0.1234		0.1234		0.1234		0.1234		0.1234	
8			0.1234		0.1234		0.1234		0.1234		0.1234	
9	11~20称量值(g)		0.1234		0.1234		0.1234		0.1234		0.1234	
10			0.1345		0.1234		0.1234		0.1234		0.1234	
11	总重(g)		2.4791		平均重装量(g)		0.1239		剂型		片剂 ▼	
12	限度(±%)		7.5			范围(g)		0.1146		~	0.1331	
13	标准规定		应符合规定									
14	结果		有1个数据超过限度，有0个数据超过限度1倍								请判断并输入结果	

图 3-14　重（装）量差异自动判断示例

（七）自动获取重（装）量差异限度

上例中实现了重（装）量差异结果的自动判断，但自动判断结果正确与否还与是否准确输入限度直接相关。在药品检验过程中，重（装）量差异限度与剂型、平均重（装）量相关，其限度并非一成不变，不可避免地存在限度选择错误的情况，因此有必要设计一种仅需选择剂型即可通过平均重（装）量差异获得限度范围的方法。

1. 新建工作表　由于实现自动获取重（装）量差异限度需要大量数据进行辅助，为避免这些辅助数据影响到原始记录美观，需要新建工作表去承载这些数据，并在编辑完成后隐藏该工作表。采用多工作表辅助 ELN 的设计是确保原始记录美观整洁的重要技巧，凡无需在原始记录中显示、不影响校对与审核的内容均需采用该方式处理。本例中新建工作表命名为"计算辅助页"。

在第二章中对新建工作表的基本操作进行了阐述，其中需要隐藏的新建工作表可命名为"辅助录入页""结果反存页"或自定义名称，而用于展示的 ELN 一般为"实验页"与"结果页"等。重（装）量差异项的 ELN 一般仅需展示"实验页"，新建的该工作表进行隐藏处理即可。

2. 总重的引用　以片剂与胶囊剂为例，片剂一般取 20 片，在分析天平上称取 20 片总重后再逐个称取单个片的片重，其总重是一次性称取的，无需计算；胶囊剂一般是称取内容物重量，需要去除胶囊壳，因此无法一次性称取，需要逐个称取内容物重量后相加得到 20 粒胶囊内容物的总重。此时，针对不同剂型出现了不同的总重获取方法，需要设计一种兼容的方法去实现数据的获取。

在"计算辅助页"中设置 3 个单元格，一是"称量总重"单元格，放置称量数据源即可，用于记录片剂类型直接称取总重的数据。二是"计算总重"，在单元格中输入：=SUM（实验页 !C7:L10）。其中"实验页 !"为 ELN 报告页的三维引用，"C7:L10"为单个制剂称量值数据区，用 SUM 函数进行求和即得到总重。三是"总重"单元格，输入：=IF（OR（B13="/"，B13=""），B14，B13）。其中引用的 B13 单元格为称量总重单元格，B14 单元格为计算总重单元格，意思是如果 B13（称量总重单元格）为空，代表该品种未一次性称取总重，需要计算各单位制剂总重。

3. 平均重（装）量的计算　首先在"实验页"中设置剂型下拉表，具体形式见图 3-15。

不同剂型称取单位制剂的个数有不同，大致可分为 3 类：一是片剂、胶囊等，一般称取 20 个单位；二是颗粒剂、散剂等，一

图 3-15　剂型选择下拉表示例

般称取 10 个单位；三是注射用粉针，一般称取 5 个单位。由于注射用粉针需要称取"皮重"，计算形式与其他制剂不同，因此需要单独设计 ELN，此处暂不讨论。

总重 / 取样数量即为平均重（装）量。其中总重由实际称量操作获得，属于"定量"，而取样数随不同剂型不同而改变，属于"变量"，因此如何确定"变量"是关键。

在"计算辅助页"设置"剂型"与"平均"单元格，具体形式见图 3-16。"剂型"单元格三维引用"实验页"剂型下拉表。在"平均"单元格内输入：=B2/IF（A2=

	A	B	C
1	剂型	总重	平均
2	片剂	0	0

图 3-16　平均值计算示例

" 片剂 ",20,IF（A2=" 胶囊 ",20,IF（A2=" 膜剂 ",20,IF（A2=" 颗粒剂 ",10,IF（A2=" 散剂 "，10，IF（A2=" 栓剂 "，10，20）)))))）），设计思路是采用 IF 函数嵌套的方式确定不同剂型取样数量。

由于本例中取样数量仅有 20 与 10 两种，因此在理解上述 IF 函数嵌套目的与原理后，可以结合 OR 函数进行简化处理。在"平均"单元格内输入：=B2/IF（OR（A2=" 片剂 "，A2=" 胶囊 "，A2=" 膜剂 "），20，10），经与 OR 函数结合后，公式变得更加简洁明了。

4. 自动获取限度　在"计算辅助页"中继续添加"限度"单元格与剂型列表，具体形式见图 3-17。从 C5 单元格开始，逐一编辑对应剂型重（装）量差异限度。如 C5 单元格对应的是片剂，药典规定片剂平均装量小于 0.3g 时为 ±7.5%，0.3g 及以上为 ±5%。在该单元格中输入：=IF（C2＜0.3，7.5，5），通过 IF 函数判断 C2 单元格（平均重量）是否小于 0.3，输出对应的限度值。其余剂型以此类推即可。

	A	B	C
1	剂型	总重	平均
2	片剂	0	0
3	限度	下限	上限
4	7.5		
5		片剂	7.5
6		胶囊	10
7		颗粒	10
8		散剂	15
9		栓剂	10
10		膜剂	15
11			
12	称量总重		
13	计算总重	0	

图 3-17　"计算辅助页"主要表格区域示例

剂型列表完成后，在"限度"单元格中输入：=IF（A2=" 片剂 "，C5，IF（A2=" 胶囊 "，C6，IF（A2=" 膜剂 "，C10，IF（A2=" 颗粒剂 "，C7，IF（A2=" 散剂 "，C8，IF（A2=" 栓剂 "，C9，A48）)))))），通过 IF 函数的嵌套来指向不同剂型的限度值。但由于限度值较多，无法结合 OR 函数来简化。

在获得限度后，计算上下限就非常简单了。至此，一个具有较高自动化的重（装）量差异就制作完成。后期可通过文本函数来获取样品名称中关键字来实现全自动处理，检验人员只需称量，打开 ELN 后所有剂型、限度、判断、结论可全自动化处理完成。虽然该例相对复杂，但属于典型的"一劳永逸"模板，可为检验工作节省大量时间。该模板将在后文中详细展示。

（八）自动填写实验日期

规范完整的实验日期包括开始日期与结束日期，其中开始日期一般为首次打开 ELN 原始记录编纂实验方案时间，结束时间一般为 ELN 原始记录最后修改完成时间。实验日期的填写往往存在四类问题：一是格式不统一不规范；二是经常出现漏填，导致频繁退回修改；三是填写时间与实际时间可能不符；四是需要手动填写，效率低下。为避免该现象，可使用数据源获取实验开始时间、用 ELN 时间函数自动获取实验结束时间，实现了实验日期的全自动获取，并可以锁定受控。

1. 开始日期的获取　在 ELN 模板编辑界面依次打开"数据源"→"详细数据"→"表头数据"，将"开始时间"拖放到指定单元格即可。该函数可记录数据录入过程中首次打开 ELN 的时间或首次刷新数据的时间。

2. 结束日期的获取　使用 YEAR 函数、MONTH 函数、DAY 函数与 TODAY 函数组合即可获取当前日期。如在单元格中直接输入：=TODAY（ ），即可输出当前系统时间，精确到秒。但原始记录一般只需提供年、月、日即可，此时可输入：=YEAR（TODAY（ ））&" 年 "&MONTH（TODAY（ ））&" 月 "&DAY（TODAY（ ））&" 日 "，将输出当前日期，也可将年月日分别在不同单元格中显示。

值得注意的是，该函数返回的是当前时间，每次打开 ELN 均会更新，因此记录的是实验结束时间；开始时间单元格应设置为文本格式，方便需要修改时能准确编辑成需要的形式。

（九）自动判断直接滴定与返滴定法

ELN 编制需要考虑兼容性。一般来说，一个设计良好的 ELN 应该能兼容同一类方法中不同操作形式。如容量法分为直接滴定法与返滴定法两种操作形式，若 ELN 表格设计时能做到对两种操作形式的自动判断并计算结果，就不需要分别制作两个模板，从而减少模板数量方便检验人员选择使用，也能降低模板编制与验证的工作量。

直接滴定法用于计算滴定液消耗量的计算公式一般为：V=V 供试品滴定体积 −V 空白试剂，返滴定法一般为：V=V 空白试剂 −V 供试品滴定体积。显然，两种方法用于计算滴定液消耗量的折算方法是相反的。由于直接滴定的空白消耗量与返滴定法空白消耗量在概念上是有区别的，可将两类滴定体积分开放置，如果检验人员填写了返滴定法空白溶液消耗体积，那么就代表当前实验采用的是返滴定法，反之则为直接滴定法，从而实现方法的判断。

表格具体设置如图 3-18 所示。将空白消耗量（V0 空白）与返滴定法空白消耗量（V0 返滴法）分开显示，在结果计算单元格中可以通过 IF 函数进行方法的自动判断。如使用公式：IF（OR（F21=""，F21="/"），IF（OR（E21=""，E21="/"），D21，D21–E21），F21–D21）。该公式使用了两级 IF 函数嵌套，并结合了 OR 函数进行填写内容的判断。第一个 IF 函数用于判断滴定方法，如果返滴定法单元格中为空或"/"符号，则代表方法为直接滴定法，否则执行 V0 返滴法 –V 滴定体积的计算。当第一个 IF 函数返回"TURE"时，需要执行直接滴定法滴定体积的计算，但直接滴定法在部分情况下需要扣除空白溶剂的影响，因此需要在第一个 IF 函数中"value_if_ture"参数嵌套第二个 IF 函数：IF（OR（E21=""，E21="/"），D21，D21–E21）。意思是如果 V0 空白单元格为空或"/"符号，则代表该方法无需扣除空白，直接返回 V 滴定体积即可，否则返回 V 滴定体积 –V0 空白的计算结果。

		取样量	V滴定体积	V0空白	V0返滴法	稀释倍数	其他系数	结果
20	结果表							
21		/				1	/	
22		/						

图 3–18 容量法自动判断两种操作形式格式示例

（十）计算公式的自动变换

计算公式一般是药品检验原始记录中的要素之一，应当完整的展示计算过程。在不同情况下，计算公式往往需要进行调整。以含量测定为例，不同检品涉及计算公式调整一般有三种情况：一是制剂多数情况下需要带入平均重（装）量进行计算，而原料药不需要；二是原料药多数情况下需要折算水分，而制剂不需要；三是部分情况下需要进行分子量、响应因子折算等操作。可见计算公式相对复杂多变，导致用于公式展示的单元格难以锁定受控，加大了检验员工作量，同时存在出现错误的概率。因此，有必要设计一种可根据实际情况自动变换公式内容，无需修改维护展示内容的功能。

1.平均重（装）量与水分的自动调整　实现自动化必须存在"触发条件"，这个"触发条件"最简单的实现方式就是"填写与否"。因此，平均装量与样品水分应有固定的单元格，具体形式见图 3–19。分别在分子与分母单元格输入：="A 供 × W 对 × 其他系数 × 对照品纯度 "&IF（S4=1，""，"×W 平"）与 =IF（E5="/"，"A 对 × W 供 "，"A 对 × W 供 ×（1– 水分）"），即可实现平均重（装）量与水分的自动调整。"平均"单元格默认值为"1"，目的是使该单元格能固定引用，即便不需输入平均重（装）量也不会影响计算结果。在 IF 函数自动判断过程中，当平均单元格为"1"时，则表明无需计算平均重（装）量，不显示"×W 平"，反之则显示；同法，"样品水分"单元格填写"/"时，则表明无需折算水分，不显示"×（1– 水分）"。

47

2. 其他系数的处理　虽然需要进行分子量折算与响应因子等相对特殊处理的场景不多，但不能不进行考虑，否则设计的 ELN 模板无法兼容相关检品，有必要设法将该内容进行"固化"。

为了兼容这些特殊情况，建议将所有不常见场景全部纳入"其他系数"，并在计算公式中固化。在设计具体的计算表格时，再将"其他系数"纳入表格，如有则填写具体数值，无则留白或填写"/"。具体计算表格的设计将在下一章中详述。

	A	B	C	D	E	F	G	H	I	J	K	L	M	N	O	P	Q	R	S	T
4	(内容物)平均重量						/						总重		/		平均			1
5	样品水分								单位		%		对照品单位				g			供试品
6	计算公式			A供×W对×其他系数×对照品纯度								×	单位换算	1		×	稀释倍数		×	100%
7				A对×W供									规格	1						

图 3-19　计算公式示例

（十一）自动判断称量单位

数据的单位在原始记录中是不可或缺的要素，尤其是称量单位出现频次高，并常有"g"与"mg"两种单位，需要根据实际操作进行选择。由于称量单位不直接参与运算，往往导致在录入 ELN 时忽略单位的选择导致错误，因此有必要对称量单位进行自动化处理。

通过观察可发现称量值小数位数是具有规律的。药品检验行业多采用万分之一或十万分之一的电子分析天平进行称量操作，一般以"mg"为单位的称量值有 1~2 位小数，而以"g"为单位的称量值有 4~5 位小数，利用这个规律结合 LEN 函数与 FIND 函数即可设计自动化判断方法。

设 A1 单元格为称量数据源反存单元格，在单位单元格输入：=IF（（LEN（A1）－FIND（"."，A1））＞2，"g"，"mg"）即可实现自动返回正确的单位。若 A1 单元格称量数据为 0.1234，显然单位应为"g"。该称量值共有 6 个字符，此时 LEN（A1）函数返回 6；FIND（"."，A1）函数返回小数点的位置，返回 2；两个函数返回值相减即为小数位数，本例中返回 4。根据一般对称量数值规律的判断，当差值大于 2 时应判断单位为"g"，反之则为"mg"，采用 IF 函数对结果进行判断并返回正确的单位。

值得注意的是，部分情况下可能会使用精度更高的百万分之一高精度分析天平或精度更低的普通天平，此时应结合实际情况调整参数，使 ELN 模板与实际操作相匹配。同样的方法也可应用于体积与浓度等单位的判断，读者可根据需求进行设计。

（十二）自动计算稀释倍数

稀释倍数是含量测定、有关物质等项目结果计算中重要环节，使 ELN 自动识别稀释过程，计算稀释倍数也是实现模板锁定受控的必要手段。稀释倍数一般可分为对照品稀释倍数、供试品稀释倍数与供试品稀释倍数除以对照品稀释倍数所得的综合稀释倍数。稀释倍数无非就是供试品定容体积与取样体积通过一步一步累积计算而得，是有规律可循的，因此通过设计能达到自动计算的目的。

推荐按图 3-20 设置表格，对照品与供试品稀释步骤分开显示，稀释步骤预置3 步即可满足大多数检验的需要。其中，取样量与定容体积填写数值即可。由于稀释倍数并不需要计算实际取样量，故第一步取样量并不代入稀释倍数的计算，而仅供浓度计算使用，填写拟称取量即可。步骤标识可预先固定，也可自动显示。一般第一步为必要步骤，因此固定显示，后续步骤可使用公式：=IF（B9="",""，" 第 "&MID（A8，2，1）+1&" 步 "）自动显示。公式中所用函数在前文中均已详述，读者可尝试自行理解。

	A	B	C	D	E	F
7	对照品	取样量	定容体积	供试品	取样量	定容体积
8	第1步			第1步		
9						
10						

图 3-20　稀释步骤表格示例

计算可从第一步定容体积开始，乘以第二步的取样量，除以第二步的定容体积，以此类推。但遇到少于 3 个稀释步骤的处理过程时，部分单元格为空，在公式中引用并计算空单元格会返回错误。因此需要采用 IF 函数判断，当遇到空单元格时返回 1代入计算即可既不报错也能得出正确结果。在对照品稀释倍数单元格中输入 IF 函数的嵌套形式：=IF（C8="",1,C8）/IF（B9="",1,B9）*IF（C9="",1,C9）/IF（B10="",1，B10）*IF（C10="",　1，C10），即可完成对照品稀释倍数的计算。

同理，供试品的稀释倍数参照对照品处理即可。在 ELN 中另设一单元格为综合稀释倍数，将对照品稀释倍数除以供试品稀释倍数即可，在实际编写结果计算公式时，可方便的引用该综合稀释倍数进行计算。

（十三）操作过程语句的自动生成

如果能减少文字的输入，并自动形成标准语句，也是提高效率与规范性的重要方式之一。本指南使用了较多篇幅用于介绍提高自动化的内容，尽量实现检验人员在使用 ELN 时只需填写数字、进行下拉表选择或复制粘贴就能完成实验记录，达到高效规范易于受控的目的。药品检验行业操作过程相对固定，语句均有规律可循，这就为操作过程语句的自动生成提供了条件。

1. **不同样品取样语句的区分**　不同性质样品取样语句是不同的，固体制剂取样语句多为"精密称取细粉适量"；原料与半固体制剂多为"精密称取本品适量"；液体制剂则为"精密量取本品适量"。对照品大多需要精密称取，但同时也有精密量取供试品作为自身对照溶液的情况。因此必须采用适宜的方式让 ELN 能获取样品性质。

推荐建立图 3-21 所示表格，通过填写数字来表示性质。其中，增设样品规格栏，为浓度计算做好准备。

	相关内容		参数	说明				
	A	B	C	D	E	F	G	H	I
2	相关内容		参数	说明					
3	样品性质			1为固体制剂、2为液体制剂、3为原料、4为半固体制剂					
4	样品规格			液体制剂填每ml含量，原料不填					
5	对照(品)性质			1为外标法称取对照品、2为自身对照					

图 3-21　样品性质选择表格示例

2. **语句的生成**　在设置好样品性质表格后，即可按样品性质并结合上述稀释步骤表格，采用 IF 函数用"&"连接符并列的方式生成标准操作语句。在供试品处理过程栏中输入：

=" 精密 "&IF（OR（C3=1，C3=3，C3=4），" 称取 "，" 量取 "）&IF（C3=3，C3=4），" 本品适量（约 "&E8&"mg"&" ）"，""）&IF（C3=2，" 本品（"&E8&"ml"&" ）"，""）&IF（C3=1，" 本品细粉适量（约相当于待测成分 "&E8&"mg"&" ）"，""）&"，置 "&F8&"ml 量瓶中，用溶剂 "&IF（OR（C3=1，C3=4），" 溶解并稀释至刻度，摇匀，滤过，取续滤液；"，"（溶解并）稀释至刻度，摇匀；"）&IF（E9=""，""，" 精密量取 "&E9&"ml，"）&IF（F9=""，""，" 置 "&F9&"ml 量瓶中，用溶剂稀释至刻度，摇匀；"）&IF（E10=""，""，" 精密量取 "&E10&"ml，"）&IF（F10=""，""，" 置 "&F10&"ml 量瓶中，用溶剂稀释至刻度，摇匀；"），即可。

其中：IF（OR（C3=1，C3=3，C3=4），" 称取 "，" 量取 "）语句的意义是如果样品性质为固体制剂、原料或半固体制剂，取样方式为称取，否则为液体制剂，取样方式为量取；IF（OR（C3=3，C3=4），" 本品适量（约 "&E8&"mg"&" ）"，""）语句的意义是如果样品性质为原料或半固体制剂，取样量为适量，并引用取样量单元格中的数值，若不是这两类性质的样品则为空白；同理，IF（C3=2，" 本品（"&E8&"ml"&" ）"，""）与 IF（C3=1，" 本品细粉适量（约相当于待测成分 "&E8&"mg"&" ）"，""）语句分别描述了液体制剂与固体制剂的取样方式与取样量。至此，取样的过程即自动描述完成。

接取样过程，后续："，置 "&F8&"ml 量瓶中，用溶剂 "，这段语句为第一步稀释的过程，该过程各类样品通用；IF（OR（C3=1，C3=4），" 溶解并稀释至刻度，摇匀，滤过，取续滤液；"，"（溶解并）稀释至刻度，摇匀；"）语句的意义为若样品性质为固体制剂或半固体制剂，溶解后需要滤过并取续滤液，否则稀释至刻度，摇匀即可。

最后，通过连接符"&"将各段语句连接，即可实现根据样品性质、稀释步骤输出完整规范的操作过程，大幅减少了检验人员编辑原始记录的工作量。

3. 浓度的计算　在操作过程末尾加上浓度，一方面可以使检验人员方便地查看拟定的操作步骤是否能配制出与质量标准要求浓度一致的溶液，同时也能方便校对者进行浓度的校对。

与操作语句不同，浓度的计算需要采用 IF 函数的多层嵌套，其实现方式与计算稀释倍数的过程类似。可在上述语句后用"&"符号连接公式：("浓度约相当于"&IF（C3=2，C4*1000*E8/F8*IF（E9=""，1，E9/IF（F9=""，1，F9/IF（E10=""，1，E10/IF（F10=""，1，F10)))），1000*E8/F8*IF（E9=""，1，E9/IF（F9=""，1，F9/IF（E10=""，1，E10/IF（F10=""，1，F10)))))) &"μg/ml。")。

公式中"1000"用于单位转换。值得注意的是，该公式仅支持取样量单位为"mg"的数据，并将最终浓度单位设为"μg/ml"。有兴趣的读者可尝试采用下拉表选择称量单位，并应用 IF 函数作出判断，自动变换单位转换值实现不同单位称量数据的兼容公式。

（十四）多结果列表反存的具体实现方法

反存指 ELN 中获取的相关数据通过反存功能传输至 LIMS 平台，实现标准规定、结果与结论等数据自动合成的功能。反存分两类，一类是单结果反存，一类是多结果列表反存。单结果反存实现方式较为简单，将数据源中对应的单结果反存类别拖放至单元格即可，此处不再详述；多结果列表反存相对复杂，通过可自动扩充的列表将多个数据按组分反存，实现过程需要使用函数来完成。

多结果列表反存是以列表形式反存数据，每一行为一个组分，每一列为一类数据，因此要求 ELN 中各类需要获取或反存的数据也要设计成列表形式，并以行为组分排列。多结果反存表是自动扩充的，当添加了多个组分时，列表将自动扩充对应的行数。但受制于数据量与排版问题，ELN 中一个组分可能无法在一行中全部展示，可能存在多行承载一个组分数据的情况，因此多结果列表反存又可分为单行数据与多行数据两种情况。

值得注意的是，凡需要在"多结果反存表"中加载的数据源，均需在该模板"仪器数据源"中勾选"反存动态加载"。如数据源需要按组分扩展，还需要勾选"按分析项加载"。现分别将实现方法列举如下：

1. 单行数据的多结果列表反存　有关物质检查项是单行数据多结果列表反存的典型代表。一是有关物质一般需分别报送多类杂质的限度与含量，每类杂质需要按一个组分来处理，因此需要多结果列表反存；二是有关物质为检查项，一般测定一份供试品即可，多数情况下一行即可承载一个杂质的相关数据，属于单行数据的多结果列表反存。

一般来说，仪器检测方法 ELN 需要从 LIMS 平台获取取样量和图谱数据并向 LIMS 平台反存标准规定、结果与结论即可完成数据的对接。以有关物质为例，可新建"报告合成页"按图 3-22 设置数据反存表格。

图 3-22　单行数据的多结果列表反存示例

上表格可设为"预置对应表"，其格式尽量与结果计算表格类似，方便结果计算表格引用该表格中的数据。该表格可根据可能同时存在的组分预置行数，有关物质一般需要预置 10 行以上；下表格即"多结果反存表"，设置"多结果反存表"时选取"预置对应表"下方 2 行空白单元格即可，将数据源中的"多结果列表反存"条目拖放至该区域，按"预置对应表"格式进行必要的单元格合并操作使其每个单元格与"预置对应表"一一对应，点击"多结果反存表"末尾单元格的箭头设置各单元格需要反存的内容即可。

一般情况下，称量数据与图谱数据属于外部数据，需要通过数据源传入 ELN 对应的单元格；标准规定、结果与结论属于 ELN 内部数据，检验员在 ELN 中输入标准规定、计算得到结果并下结论后，通过数据源反存到 LIMS 平台。因此，两类数据在"多结果反存表"中的处理方式不同。

对于外部数据，"预置对应表"需要在"多结果反存表"中取值。以上图中"W对"单元格为例，在 I3 单元格中输入：=INDIRECT（"i"&（ROW（K3）+22）），即可完成向"多结果反存表"中 I25 单元格取对照品称量数据。值得注意的是，向自动扩展的"多结果反存表"取值不能简单地使用相对引用。在 I3 单元格中输入：=I25，可以取到第一个组分对照品的称量数据，但如果在 I4 单元格中输入：=I26，却无法取到扩展后第二组分对照品称量值。这是因为第二组分会使"多结果反存表"在第 26 行自动插入一行，插入行的行为会导致原引用第 26 行的相对引用随插入而改变，即插入后 I4 单元格中原本"=I26"将自动变换为"=I27"。

为了使插入行的行为不影响取值，就需要用到 INDIRECT 函数与 ROW 函数。该函数的具体释义可查阅前文"常用函数介绍"中的相关内容。INDIRECT 参数中，"&"连接符左方为列参数，在 "" 符号中输入列号即可；右方为行参数，其中 ROW 函数用于返回当前单元格行数值，并可随单元格的位置相对变化行数值，ROW 函数右方的 "+22" 的作用是将当前单元格行数加上目标单元格行数的差值，使该函数能正确的返回目标单元格数值。值得注意的是，ROW 函数中的参数为单元格地址，地址列号对于函数返回值并无影响，可以随意取用，但行号关系到返回值，一般以 ROW 函数当前所在单元格行号为宜。

对于内部数据，"多结果反存表"需要在"预置对应表"中取值，但实现方式比引用外部数据简单，使用相对引用即可。以上图中"结果"单元格为例，在"多结果反存表"的 U25 单元格中输入：=U3，即可完成取值。随"多结果反存表"的扩展，该单元格中的相对引用也将随之扩展并依次引用。

2. 多行数据的多结果列表反存　多行数据是指"预置对应表"中一个组分占用了多行，其多结果列表反存实现原理与上文中单行数据的多结果列表反存相同，但由于"预置对应表"与"多结果反存表"的行数不能一一对应，因此需要进行对应的转换。

以高效液相色谱法含量测定为例，含量测定一般需要平行测定 2 份样品与对照品，其数据量要大于检查项。受制于版面大小，多数情况下含量测定项的相关数据难以在一行中完整体现，需要多行表格承载一个组分的数据，具体形式见图 3–23，而"多结果反存表"目前仅支持一行一个组分。因此需要采用计算的方式进行转换，使"预置对应表"与"多结果反存表"能互相引用。

对于外部数据，在图 3–23 所示 D3 单元格中输入：=INDIRECT（"D"&（25+ROW（D2）/2）），即可实现对照品取样量的取值。其中，语句 ROW（D2）/2 是将"预置对应表"中双行位置转换为单行，即"预置对应表"中单元格下行 2 行，返回的行数值至下行 1 行，再加上"预置对应表"首行与"多结果反存表"首行的行数差"25"，即可得到正确的取值行数。

D4 单元格需要取第二份对照品称样量的值，对应的位置为 F26 单元格，因此 D4 单元格中列参数应为 f。完整的语句为：INDIRECT（"f"&（25+ROW（D2）/2））。以此类推，即可完成所有外部数据的取值。

对于内部数据，单行的"多结果反存表"与多行的"预置对应表"不能简单的一一对应，统一需要使用函数。以标准规定为例，在下图"多结果反存表"T26 单元格中输入：INDIRECT（"l"&（ROW（D2）*2–1）），即可实现标准规定的取值。语句 ROW（D2）*2 是将"多结果反存表"每增加一个组分下移 1 行的行数转化为 2 行，后方的"–1"是将偶数行数转化为奇数行数。值得注意的是，公式中的数值转化并非固定格式，可以采用灵活的方式实现相同的目的。

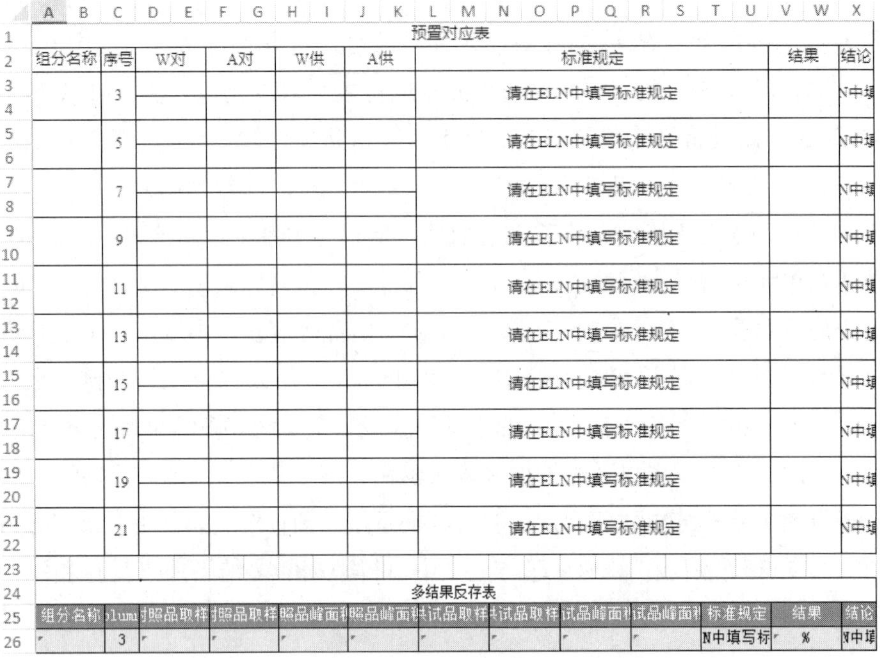

图 3–23　多行数据的多结果列表反存示例

以上所列举的"预置对应表"与"多结果反存表"仅供数据交换，无需在原始记录中显示。因此，这些表格可以放在单独的工作表中，比如新建"报告合成页"专门存放相关表格。在原始记录正文中需要引用称样量与图谱数据等外来反存数据时，三维引用该工作表中对应单元格即可。同理，当"报告合成页"需要引用原始记录中标准规定等内部数据，在"报告合成页"的"预置对应表"中三维引用原始记录正文对应单元格即可。

第四章 ELN 的编制

前面的章节对 LIMS 概况、基本操作与函数的使用进行了介绍，并结合一些实例对常用编制技巧进行了描述。本章将列举完整的常用检验项目 ELN，并将关键单元格中的代码列出供 ELN 编辑人员参考。

一、ELN 框架设计

同一个 LIMS 使用单位建立的 ELN 模板应有相对固定的格式与风格，各 ELN 编辑人员应该遵循一定的编制原则，否则多变的 ELN 格式将导致使用人员培训量增加，录入难度大，错误率高。因此 ELN 框架设计显得尤为重要，在正式编辑 ELN 之前应根据各单位实际需求约定 ELN 模板的模式、风格与具体格式。

（一）ELN 模式的选择

ELN 模板的模式大致可分为三类，第一类是按品种建立专用型模板，第二类是按方法建立通用型模板，第三类是混合型模板。模式的选择是否正确，直接关系到 LIMS 建设成功与否，因此在开展 LIMS 建设之初就要进行充分的调研并决定 ELN 模式。

1. 按品种建立专用型模板　按品种建立专用型模板又称"一品一模"，即一个药品品种建立一个专用 ELN 为模板，承载该品种所有检验项目。该模式最早应用于药品生产企业。由于药品生产企业品种数量是相对固定的，数量相对较少，一个品种需要常年反复检验，故尤其适用于按品种建立专用模板的模式。

该模式的优点是 ELN 编制简单，无需考虑通用性，对编制人员函数使用技能要求不高，录入人员培训难度低；缺点是新品种或质量标准有修订时需要新建或修改模板，不适用于品种不确定的药品检验行业。

2. 按方法建立通用型模板　按方法建立通用型模板指一种检测方法建立对应的一个或一类 ELN 模板，一个品种的原始记录需要多个 ELN 模板组合而成。该模式常用于检验品种不固定，重复检验数量少，重复检验频率低的情况，尤其适用于药品检验机构或科研单位。

该模式的优点是灵活性强，兼容性高；缺点是模板的编制需要兼顾通用性与智能化，模板数量相对较多，对编制人员函数使用技能要求高，录入人员培训难度大。

虽然按方法建立通用型模板难度较大，但药品检验行业面对的品种数量是没有上限的，因此按方法建立通用型模板是最佳方案。有学者表示，药品检验机构若采用"一品一模"的方式建立模板，可"预见其失败"。

3. 混合模式　某些情况下，单一的 ELN 模式不能完全满足编制的需求，在符合 LIMS 使用单位的相关制度要求的前提下，可以采用按品种建立专用型模板与按方法建立通用型模板相结合的混合模式。比如，部分检验机构承接化妆品和食品的检验，很多是检验如"10 种美白祛斑剂""42 种糖皮质激素""63 种激素""36 种抗感染类药物"等多种固定成分的项目，同时检验频次较高。虽然不同项目采用的是相同的仪器方法，但建立通用模板的情况下每次检验需要临时添加多种组分，导致检验效率降低；又如某些仪器方法有不同测定方式，高效液相色谱分外标法、内标法、自身对照法、标准曲线法等，不同测定方式在计算过程、数据源设置、ELN 版面设计等方面无法做到兼顾。因此针对这类情况，可采用混合模式，允许某一类方法下同时存在独立的模板，以满足不同测定需求。

经笔者实践发现，药品检验行业以设置通用型模板为主、专用模板为辅的方式较为合理，既能满足规范性、灵活性、智能化、可受控的要求，又不至于让 ELN 编制过于复杂，检验人员使用效率过低。专用模板也可以通用模板为基础，经修改、组合等方式得到，因此掌握好常用检验方法的通用模板制作就显得尤为重要。本指南将主要介绍常用检验方法的通用型 ELN 模板制作方法。

（二）推荐的格式

1. 工作表的设置　不同的检验方法复杂程度不同，所需要的版面篇幅也不相同。如性状、化学鉴别、pH 值、容量法等项目较为简单，一个工作表即可承载该项目原始记录所有要素；而高效液相色谱法、气相色谱法、液质联用等方法相对复杂，往往涉及大量的仪器与标准品信息，复杂的处理过程，详细的计算步骤，部分情况下还涉及多个组分。为了使查阅或打印原始记录时不至于使需要连续的内容分页，需要采用多工作表组合的方式承载该项目的 ELN 模板。

经实践，一个 ELN 模板大致可分为五类工作表：一是"实验页"，主要包括仪器信息、对照品信息、处理步骤、结果结论等内容，是所有 ELN 模板均需具有的工作表；二是"结果页"，主要包括计算公式、相关数据信息、结果表格等内容，当计算复杂、涉及多组分时，一般需要设置"结果页"，当检验方法较简单，测定数据较少时，不另设"结果页"，所有检验信息与测定数据均在"实验页"体现，使检验报告简洁美观，内容饱满；三是"辅助录入页"，主要作用是记录样品规格信息、辅助计算稀释倍数、生成操作步骤语句等内容，其作用一方面是减少录入工作量、提高准确率、最大程度的实现受控管理，另一方面是将规格、平均重（装）量、水分、稀释倍数等分散在 ELN 各角落的数据汇总在一处相对紧凑简洁的页面填写，避免遗漏。一般只有涉及复杂计算的模板需要设置"辅助录入页"；四是"结果反存页"，主要包括"预置对应表"与"多结果反存表"，当模板涉及多组分时一般需要设置"结果反存页;"五是其他页，如对照品较多、需要记录标准曲线等情况，可灵活添加工作表。

一般来说，"辅助录入页"与"结果反存页"仅起到辅助生成原始记录与报告的作用，无需在最终的原始记录中显示，因此"结果反存页"在完成编辑后可在标签上点击鼠标右键，选择"隐藏"；"辅助录入页"则在检验人员完成该 ELN 的录入后隐藏。

2."实验页"的设计　"实验页"推荐的设计内容如下，读者可根据实际需求酌情采纳。

"实验页"记录仪器、对照品、处理过程与取样等过程，并体现检验方法、标准规定、结果与结论。

"实验页"共设 12 列，列宽为 60；"结果页"共设 24 列，列宽为 30。所有工作表除标题行行高为 30 或其余行的行高另需调整外，均设为 20。表头字号为 12，其余内容的字号为 9。中文字体为宋体，英文与数字字体为 Times New Roman。

有固定数据源的，如检品、仪器、色谱柱与对照品信息等内容，均需在模板中固化，必须引用对应的数据源。

ELN 左侧列固定为大标题列。为保持格式的一致性与美观性，一般仅设 1 列，确有必要的情况下才能在大标题栏内分列。ELN 中部与右侧为记录列，此处记录详细信息或数据，并可设小标题。如大标题列中"测试条件"为大类，右侧记录如波长、流动相等信息，可设小标题。所有标题在结尾部分统一均不加"："或其他标点符号。

当遇到需插入梯度洗脱表等难以在模板框架内展示的内容时，可注明"见质量标准"或在备注栏内展示。当备注内容较多时，可新建工作表，命名为备注页，在备注页中展示。备注栏与备注页不做硬性的格式要求，但尽量要保持整洁美观。

"实验页"从上至下依次有实验日期与温湿度记录、检品编号与名称、检验项目、检验依据、仪器信息、测试条件、对照（标准）品信息、实验操作、结果、标准规定、结论、备注共 12 栏。其中，测试条件栏包括实验（仪器）参数、系统适用性要求等关键数据；实验操作包括对照品、供试品、内标、系统适用性溶液的制备。栏目名称可根据实际情况进行更改并增减行，比如容量分析法仅需在此栏填写供试品溶液的制备，则将"实验操作"改为"供试品溶液的制备"即可；HPLC 法一般有对照品、供试品的制备，此时插入一行，并将标题对应修改即可。如此操作可确保标题与内容直接对应，并简单美观，无需在标题栏分列；结果栏填写修约后的最终结果，当存在多个结果不便全部展示时，则填写"见结果页"。其余栏内容简单固定，此处不再一一说明。

"实验操作"栏如有下述项目,应按如下顺序从上至下编写:取样数据(也可根据实际情况调整位置)→系统适用性试验→内标溶液的制备→对照品溶液的制备→供试品溶液的制备→其他内容。根据检验项目的实际情况,可删减或修改大标题栏。如性状项,无需记录对照品信息,则可删除该栏。

建立新模板时,应在"添加检验方法"表单中填写好"领域""方法"并选择对应的"科室"。建议所有检验项目在统一模板的格式(如通过审核的"空白模板")基础上建立对应的模板,并尽可能使建立的模板具有通用性。编辑人员可通过导出"空白模板"的"SSJSON"文件存至本地,并导入新建模板来套用"空白模板"。当某种检验方法因操作、处理、待测组分等因素变化较大,导致无法套用通用模板时,可在其他工作表中做灵活处理,但同样需要满足相关要求。

推荐的空白"实验页"与高效液相色谱法含量测定"实验页"如图 4-1 与图 4-2 所示。

图 4-1 推荐的空白"实验页"全貌

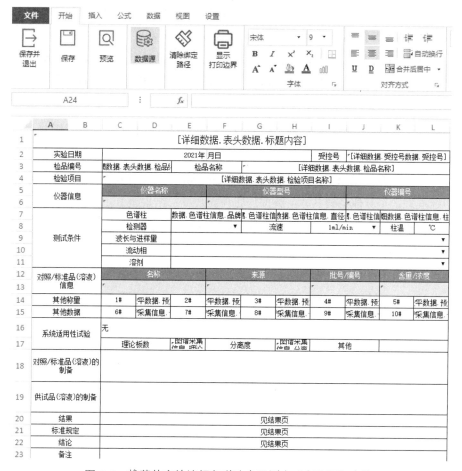

图 4-2　推荐的高效液相色谱法含量测定"实验页"全貌

3．"结果页"的设计　涉及复杂计算的 ELN 建议设置"结果页"。"结果页"除检品编号与名称两栏与"实验页"一致外，其他内容大体分为计算公式栏与数据结果表。为方便录入数据与校对，有"结果页"的原则上取样数据放在"结果页"。因不同类型检品具体情况差异较大，"结果页"无法做到完全统一，但页面的设计有章可循，能做到大体一致。推荐的设计方案如下：

（1）数据的分类　以测试样品中不同组分计算过程中是否包含相同数据为依据将测定数据分为共享数据与独立数据两类。如计算某样品中任意组分含量时均需引用样品的平均重量、水分含量、样品的规格等数据，故此类数据分为共享数据；而某组分的对照品纯度、取样量、测试数据、稀释倍数、响应因子等数据可随不同待测组分而不同，此类数据分为独立数据。分类的目的是为实现复制粘贴多组分做准备。

（2）共享数据的设置　在"结果页"上半部分表格中集中设置共享数据的填写位置，包含计算公式、取平均重量的过程与数值、水分、结果小数位数设置等各组分公用的数据。其中，计算公式将不同组分可能造成公式出现变化的因素用固定的文字表示，同时可以自动变换的部分采用函数进行处理，避免了检验人员临时调整，可提升效率并减少错误；平均重量值根据取样过程与总重自动计算，可受控锁定；小数位数为计算结果需保留的位数，供结果、平均值与修约公式引用，确保检验员无需通过修改结果计算公式即可得到所需结果位数。关键单元格中的代码将在具体ELN模板介绍中详述。

值得注意的是，参与计算的数值的单元格一般不能放置单位，否则将导致引用数值错误。推荐的做法是在适宜位置单独放置单位。

（3）独立数据与结果表的设置　以高效液相色谱法含量测定结果页的设计为例，结果表中标准规定至其他系数共8项数据均属独立数据，结果至RSD共4项数据均属需锁定的受控数据。其中，"其他系数"用于填写响应因子、分子量折算与其他可能需要代入计算的系数的乘积。通过在结果栏中相对引用独立数据，绝对引用共享数据，并使用函数计算得到结果，即可通过复制粘贴实现增加组分，使模板的兼容性大幅提升。

推荐的空白"结果页"与高效液相色谱法含量测定"结果页"如图4-3与图4-4所示。

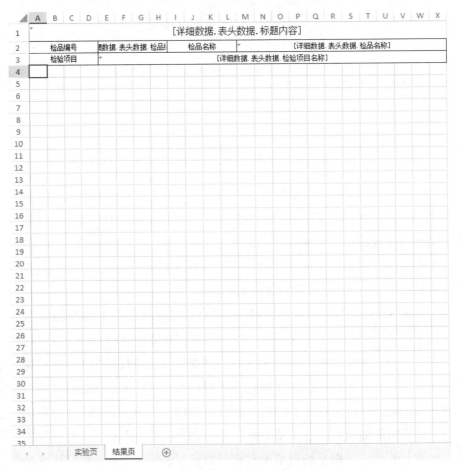

图4-3　推荐的空白"结果页"全貌

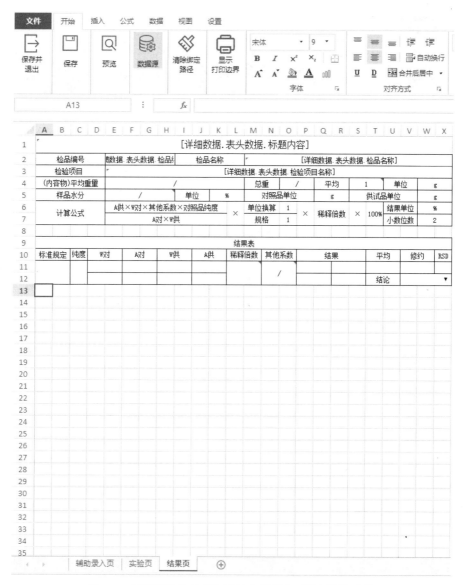

图 4-4 推荐的高效液相色谱法含量测定"结果页"全貌

4. "辅助录入页"的设计 "辅助录入页"无需在最终的原始记录中显示,主要承载稀释倍数计算与操作过程语句生成两类功能,其格式可做得相对固定,设计完成一次即可作为模板扩展应用到所有需要进行辅助录入的模板中。

推荐的"辅助录入页"如图 4-5 所示。

61

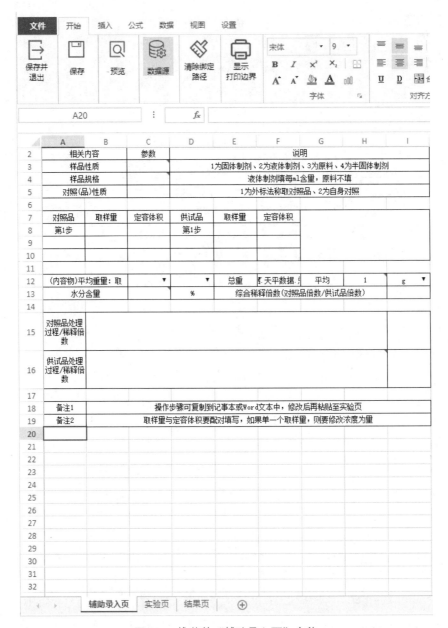

图 4-5 推荐的"辅助录入页"全貌

二、常用检验项目 ELN 编制示例

（一）空白模板

空白模板提供了基础格式与基本的数据源绑定信息，一般各项目具体 ELN 模板应以空白模板为基础制作。基本的数据源包括表头数据、检品编号、名称等检品信息，属

于每个 ELN 模板均需绑定的数据源；称量与图谱数据源则需要根据实际情况进行设定。当空白模板基本的数据源绑定后，新建模板并导入空白模板的"SSJSON"文件不会导致解绑定，因此无需再次修改已绑定的基础数据源。以下将以空白模板为例重点介绍基本的格式与数据源的设定，在具体项目模板介绍时不再对基础数据源的绑定进行赘述。

1. 推荐的版面设计　见图 4-6 与图 4-7。

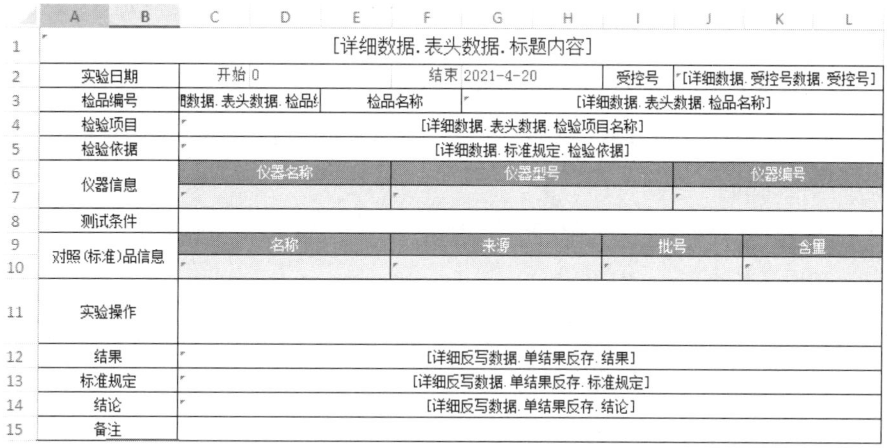

图 4-6　空白实验页

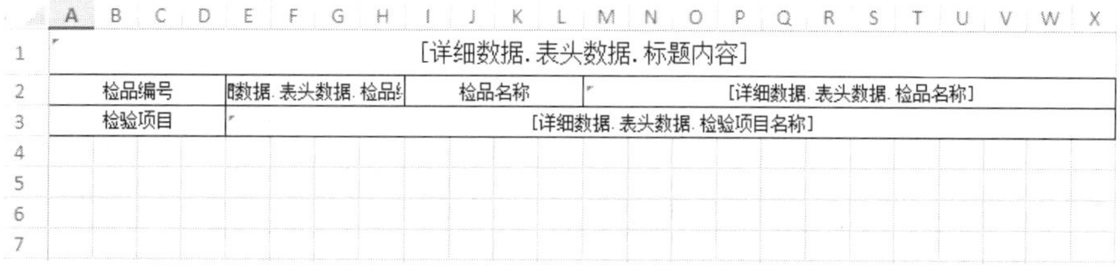

图 4-7　空白结果页

2. 关键单元格设置　结论栏有两种设置方式：一种是设置为组合框类型，预置"符合规定""不符合规定""如上""/"等内容供检验员在下拉列表中选择，见图4-8。值得注意的是，设置组合框下拉表时应勾选"可编辑"选项，在遇到特殊规定时允许检验人员手动编辑；另一种是使用函数判断结果栏等单元格的数据，根据数据情况自动得出结论。结论栏可根据实际情况设置在不同页中，但设置方式基本相同，后续其他 ELN 模板介绍中除使用函数自动得出结论方式单独介绍外，采用第一

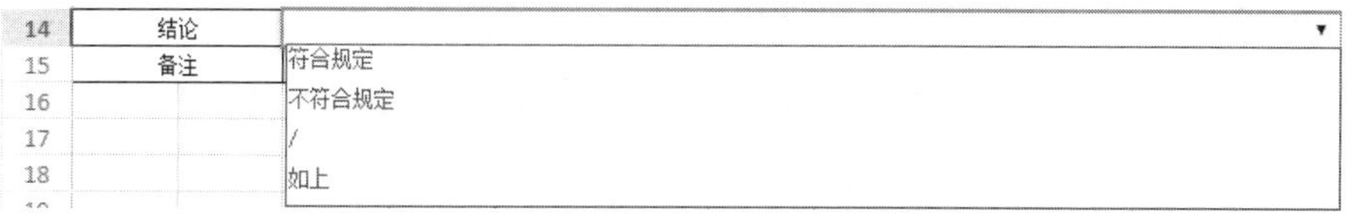

图 4-8　结论单元格组合框类型的设置效果

种方式的设置不再赘述。

空白模板的单元格一般无需设置函数。

3. **基础数据源** A1 单元格为标题数据源，对应的数据源列表位置为："数据源"→"详细数据"→"表头数据"→"标题内容"。将"标题内容"拖放至该单元格即可。

D2 单元格为实验开始时间，使用数据源的形式记录第一次打开 ELN 时间作为实验开始时间，对应的数据源列表位置为："数据源"→"详细数据"→"表头数据"→"开始时间"。

G2 单元格为实验结束时间，代码为：=YEAR（TODAY（））&"-"&MONTH（TODAY（））&"-"&DAY（TODAY（）），用于自动获取最后一次打开 ELN 的时间，将该时间作为实验结束时间。

J2 单元格为受控号，对应的数据源列表位置为："数据源"→"详细数据"→"受控号数据"→"受控号"。

C3 单元格为检品编号，对应的数据源列表位置为："数据源"→"详细数据"→"表头数据"→"检品编号"。

G3 单元格为检品名称，对应的数据源列表位置为："数据源"→"详细数据"→"表头数据"→"检品名称"。

C4 单元格为检验项目，对应的数据源列表位置为："数据源"→"详细数据"→"表头数据"→"检验项目名称"。

C5 单元格为检验依据，对应的数据源列表位置为："数据源"→"详细数据"→"标准规定"→"检验依据"。

C12 单元格为结果，对应的数据源列表位置为："数据源"→"详细反写数据"→"单结果反存"→"结果"。

C13 单元格为标准规定，对应的数据源列表位置为："数据源"→"详细反写数据"→"单结果反存"→"标准规定"。

C14 单元格为结论，对应的数据源列表位置为："数据源"→"详细反写数据"→"单结果反存"→"结论"。

第 6、7 行为仪器信息的列表数据，对应的数据源列表位置为："数据源"→"列表数据"→"仪器设备信息"。仪器信息的列表数据一般分 3 列即可，分别为"仪器名称""仪器型号"与"仪器编号"。按需求合并单元格后，选中该区域（两行均需选中），用鼠标左键按住"仪器设备信息"并拖放至该区域，点击该区域末尾箭头进行设置即可。值得注意的是，列表数据均支持自动扩展，即便模板可能涉及多台仪器也仅需留一行标题与一行信息栏，该表格将根据添加的仪器自动扩展对应的行数并显示相关信息。

第 9、10 行为对照（标准）品信息，对应的数据源列表位置为："数据源"→"列表数据"→"标物信息"。对照（标准）品信息的列表数据一般分 4 列即可，分别为"名称""来源""批号"与"含量"。具体设置方法可参考仪器信息列表数据。

（二）性状

1. 推荐的版面设计　见图 4-9。

	A	B	C	D	E	F	G	H	I	J	K	L
1						[详细数据.表头数据.标题内容]						
2	实验日期				2021年 月日				受控号	[详细数据.受控号数据.受控号]		
3	检品编号	据.表头数据.检品编		检品名称			[详细数据.表头数据.检品名称]					
4	检验项目					[详细数据.表头数据.检验项目名称]						
5	检验依据					[详细数据.检验依据.检验依据]						
6	仪器信息		仪器名称			仪器型号				仪器编号		
7			/			/				/		
8	实验操作					取本品依法检验						
9	结果		晶型 ▼			/						▼
10			目视 ▼			[详细反写数据.单结果反存.结果]						▼
11	标准规定					[详细反写数据.单结果反存.标准规定]						
12	结论					[详细反写数据.单结果反存.结论]						
13	备注					/						

图 4-9　性状实验页

2. 关键单元格的设置　A9 结果栏分两行。C9 标题栏下拉表可设晶型与中药材性状描述两个选项，对应的 E9 结果栏可设下拉表预置"呈现双折射现象与消光位"等常用结果，用于记录化学药品的晶型与中药材性状；C10 标题栏下拉表可设目视、中成药结果、中药材结果三个选项，对应的 E10 结果栏可预置"本品为…""具…的性状特征"等常需输入的文字，用于记录目视法测定结果。

3. 数据源　性状项除基础数据源外，无其他数据源。

（三）化学反应鉴别

化学反应鉴别相对简单，不涉及计算，仅设置"实验页"即可。

1. 推荐的版面设计　见图 4-10。

	A	B	C	D	E	F	G	H	I	J	K	L
1						[详细数据.表头数据.标题内容]						
2	实验日期		开始 0			结束 2021-4-24			受控号	[详细数据.受控号数据.受控号]		
3	检品编号	据.表头数据.检品编		检品名称			[详细数据.表头数据.检品名称]					
4	检验项目					[详细数据.表头数据.检验项目名称]						
5	仪器信息		仪器名称			仪器编号				仪器型号		
6												
7	测试条件											
8	称量		1#	据.天平数据	2#	据.天平数据	3#	据.天平数据	4#	据.天平数据	5#	据.天平数据
9	实验操作											
10	结果					[详细反写数据.单结果反存.结果]						▼
11	标准规定					[详细反写数据.单结果反存.标准规定]						
12	结论					[详细反写数据.单结果反存.结论]						
13	备注											

图 4-10　化学反应鉴别实验页 ELN 设计

2. 关键单元格的设置　化学反应鉴别无法预知具体需要称量的数量，因此在第 9 行预置 5 个称量单元格，经实测可满足绝大多数检验的需要。值得注意的是，实验操作栏中涉及的称量数值不得直接手动输入，而需用文字引用称量单元格，标明单数据编号，并注明单位。具体操作方法如图 4–11。

湖南省药品检验研究院(湖南药用辅料检验检测中心)原始记录										
实验日期	开始 2021-04-21			结束 2021-4-21			受控号	JLGS-ELN-00089		
检品编号	YP202130XXX		检品名称		盐酸XXX					
检验项目	(2)化学反应									
仪器信息	仪器名称		仪器编号				仪器型号			
	/		/				/			
测试条件	/									
称量	1#	10.52	2#	/	3#	/	4#	/	5#	/
实验操作	精密称取残渣(1#)mg，置试管中，加……									
结果	呈正反应									
标准规定	应呈正反应									
结论	符合规定									
备注										

图 4–11　规范的实验操作栏填写示例

化学反应鉴别结果与结论相对固定，因此结果栏可设置组合框下拉表预置“呈正反应”与“不呈正反应”，以减少检验人员输入工作量。结论栏可根据结果栏数据自动判断，在 C12 单元格中输入：=IF（C10=" 呈正反应 "，" 符合规定 "，" 不符合规定 "），即可自动得出结论。

3. 数据源　该模板仅涉及称量数据源，具体设置如图 4–12。

仪器数据源

复制　添加　删除

序号	仪器类型	名称	反存动态加载	按分析项加载
1	天平	称量1		
2	天平	称量2		
3	天平	称量3		
4	天平	称量4		
5	天平	称量5		

图 4–12　化学反应鉴别数据源设置

（四）高效液相色谱法鉴别

该模板相对简单，不涉及计算，仅设置“实验页”即可。

1. 推荐的版面设计　见图 4–13。

2. 关键单元格的设置　高效液相色谱一般仅涉及 1 条色谱柱信息，在色谱柱栏中可分为 5 个单元格，分别拖入“数据源”→“详细数据”→“色谱柱信息”中的“品牌型号""填料""直径 × 长度""粒径"与"柱号"即可。

	A	B	C	D	E	F	G	H	I	J	K	L
1	[详细数据.表头数据.标题内容]											
2	实验日期	开始 0			结束 2021-4-26			受控号	[详细数据.受控号数据.受控号]			
3	检品编号	据.表头数据.检品编		检品名称		[详细数据.表头数据.检品名称]						
4	检验项目			[详细数据.表头数据.检验项目名称]								
5	仪器信息	仪器名称			仪器型号				仪器编号			
6												
7	测试条件	色谱柱	数据.色谱柱信息.品牌	数据.色谱柱信息.直径	据.色谱柱信息.柱							
8		检测器	▼	流速		▼	柱温	℃				
9		波长与进样量										
10		流动相										▼
11		溶剂										▼
12	对照/标准品(溶液)信息	名称		来源		批号/编号		含量/浓度				
13												
14	取样	对照品	天平数据.对	▼	供试品	天平数据.供	▼	其他	天平数据.		▼	
15	系统适用性试验	无										
16		理论板数	[详细数据	分离度	[详细数据	其他						
17	对照/标准品(溶液)的制备											
18	供试品(溶液)的制备											
19	方法关联	以上测试条件与含量测定一致										▼
20	结果	组分	1	2	3	4	5	6	7	8		
21		对照品保留时间(min)	信息.对照	信息.对照	信息.对照	信息.对照	信息.对照	信息.对照	信息.对照	信息.对照		
22		供试品保留时间(min)	信息.供试	信息.供试	信息.供试	信息.供试	信息.供试	信息.供试	信息.供试	信息.供试		
23		[详细反写数据.单结果反存.结果]										
24	标准规定	[详细反写数据.单结果反存.标准规定]										
25	结论	[详细反写数据.单结果反存.结论]										▼
26	备注											

图 4-13 高效液相色谱鉴别实验页

检测器栏可使用组合框下拉表预置"UV""DAD""示差折光""蒸发光散射"与"荧光"等检测器类型。

流速栏可使用组合框下拉表预置"1ml/min"等常用流速。

波长与进样量、流动相、溶剂栏可使用组合框下拉表预置"与质量标准一致"的描述,当需要详细描述或条件有所改变时可由检验员手动录入。

取样一般预置"对照品""供试品"与"其他"三项,单位单元格中使用函数进行自动判断。以对照品为例的单位判断公式为:=IF(OR(D14="",D14="/"),"mg",IF((LEN(D14)–FIND(".",D14))>2,"g","mg")),其余单位单元格复制粘贴即可。

系统适用性栏分 2 行,上行用于记录系统适用性溶液制备过程,下行预置"理论板数""分离度"与"其他"三项可能用到的参数。

由于高效液相色谱法鉴别常使用含量测定等项目的色谱条件,因此在该模板中设置方法关联栏,预置"以上测试条件与含量测定一致",当选择该组合框下拉表即代表方法与含量测定一致,上述测试条件等信息无需再重复填写,以节省录入时间。

高效液相色谱鉴别多采用保留时间作为判定参数,因此在结果栏中根据版面大小预置了 8 个组分的保留时间单元格,可满足绝大多数化学药品检验需要。

3. 数据源 该模板数据源设置见图 4-14。

仪器数据源

	序号	仪器类型	名称	反存动态加载	按分析项加载
	3	图谱	对照品保留时间-组分1		
	4	图谱	对照品保留时间-组分2		
	5	图谱	对照品保留时间-组分3		
	6	图谱	对照品保留时间-组分4		
	7	图谱	对照品保留时间-组分5		
	8	图谱	对照品保留时间-组分6		
	9	图谱	对照品保留时间-组分7		
	10	图谱	对照品保留时间-组分8		
	11	图谱	供试品保留时间-组分1		
	12	图谱	供试品保留时间-组分2		
	13	图谱	供试品保留时间-组分3		
	14	图谱	供试品保留时间-组分4		
	15	图谱	供试品保留时间-组分5		
	16	图谱	供试品保留时间-组分6		
	17	图谱	供试品保留时间-组分7		
	18	图谱	供试品保留时间-组分8		
	20	图谱	理论板数		
	21	图谱	分离度		
	1	天平	对照品称量		
	2	天平	供试品称量		
	19	天平	其他称量		

图 4-14　高效液相色谱法鉴别数据源设置

（五）紫外 - 可见分光光度法鉴别

紫外鉴别涉及最大与最小吸收波长及其吸收值，涉及吸收比值、吸收系数与肩峰等多种类型数值，加上可能存在同时报送多个数值、多类型数据的情况，使该模板设计具有一定挑战性。现提供一种兼具各类情况的综合性模板供参考。

1. 推荐的版面设计　由于计算吸收系数涉及稀释倍数的计算且涉及多类型数据，因此建议该模板使用"辅助录入页""实验页"与"多组分反存页"的组合。

辅助录入页设计见图 4-15。

实验页设计见图 4-16。

多组分反存页设计见图 4-17。

2. 关键单元格的设置

（1）辅助录入页　辅助录入页可分为 4 个数据区：第一个数据区用于记录检品信息，如样品性质、样品规格与对照品性质等。根据说明栏的内容，在参数栏填写对应数字来反馈相关信息，为实现自动化处理提供依据；第二个数据区分为对照品与

相关内容	参数	说明
样品性质	3	1为固体制剂、2为液体制剂、3为原料、4为半固体制剂
样品规格		液体制剂填每ml含量，原料不填
对照品	取样量	定容体积	供试品	取样量	定容体积
第1步			第1步		
水分含量		%	综合稀释倍数(对照品倍数/供试品倍数)
对照品处理过程/稀释倍数				
供试品处理过程/稀释倍数				

图 4-15 紫外 – 可见分光光度法鉴别辅助录入页

		[详细数据.表头数据.标题内容]									
实验日期	开始 0		结束 2021-4-28			受控号	[详细数据.受控号数据.受控号]				
检品编号	[据.表头数据.检品]		检品名称			[详细数据.表头数据.检品名称]					
检验项目		[详细数据.表头数据.检验项目名称]									
仪器信息	仪器名称			仪器型号				仪器编号			
测试条件	狭缝	2nm	扫描速度	快 ▼		波长		/	nm		
	溶剂		与质量标准一致						▼		
对照品信息	名称			来源			批号		含量		
取样	对照品	天平数据.对	mg	供试品	平数据.供i	g	其他	天平数据.			
对照品(溶液)的制备											
供试品(溶液)的制备											
对照品	1#		2#		3#		4#		5#		
λmax/修约(nm)	图谱采集信息	/	图谱采集信息	/	图谱采集信息	/	图谱采集信息	/	图谱采集信息	/	
λmin/修约(nm)	图谱采集信息	/	图谱采集信息	/	图谱采集信息	/	图谱采集信息	/	图谱采集信息	/	
供试品	1#		2#		3#		4#		5#		
λmax/修约(nm)	图谱采集信息	/	图谱采集信息	/	图谱采集信息	/	图谱采集信息	/	图谱采集信息	/	
Amax	信息.A供试品(λmax)		信息.A供试品(λmax)		信息.A供试品(λmax)		信息.A供试品(λmax)		信息.A供试品(λmax)		
λmin/修约(nm)	图谱采集信息	/	图谱采集信息	/	图谱采集信息	/	图谱采集信息	/	图谱采集信息	/	
Amin	信息.A供试品(λmin)		信息.A供试品(λmin)		信息.A供试品(λmin)		信息.A供试品(λmin)		信息.A供试品(λmin)		
供试品吸收度比值	▼	1# ▼	/	▼	/	▼	比值为	/	修约	/	保留位数
											2
供试品吸收系数	计算公式	A×稀释倍数×10	水分	稀释倍数	数据定位选择		吸收系数	修约	保留位数	
		W×(1-水分)			1# ▼				2	
λ肩峰/修约(nm)	图谱采集信	/	A肩峰	图谱采集信	其他		/			
结果	波长				/					▼
	其他1				其他2	/				
标准规定	波长				/					
	其他1				其他2	/				
结论	波长				/					▼
	其他1		/	▼	其他2	/				▼
备注	1、由于UV鉴别兼容了波长、吸收度比值、吸收系数与肩峰等多种情况，结果、标准规定与结论务必一一对应。涉及吸收度比值等其他情况需要在报告书中单列的，请通过添加组分实现，最多支持3个组分。2、假设某标准要求最大吸收波长为254nm、吸收度比值为1.2、吸收系数为200，请添加3个组分，标准规定波长栏填写波长标准规定、其他1填写吸收度比值标准规定、其他2写吸收系数标准规定。结果和结论栏同法操作。										

图 4-16 紫外 – 可见分光光度法鉴别实验页

	标准规定	结果	结论
波长	/	/	/
其他1	/	/	/
其他2	/	/	/
	标准规定	结果	结论
	/	/	/

图 4-17　紫外 – 可见分光光度法鉴别多组分反存页

供试品两个部分，用于记录稀释步骤，为实现自动生成操作步骤语句、计算稀释倍数提供依据；第三个数据区主要用于记录平均重（装）量、水分含量等数据，分散在 ELN 不同角落可能造成漏填的数据均可汇集于此；第四个数据区为操作步骤语句、溶液浓度与稀释倍数区，根据第一与第二数据区中填写的数据自动化生成相关内容。实现自动化处理后，一是可做到仅填写数字就能得到标准操作过程语句，减少检验人员录入工作量；二是能做到数据直观、准确；三是提供了溶液的最终浓度，可极大程度上方便校对，校对者只需将浓度值与质量标准规定浓度进行比较即可得知稀释步骤是否满足质量标准要求，无需再次核算。

　　A7~A9 单元格为对照品稀释步骤显示区域，A7 单元格直接输入"第 1 步"即可，A8 单元格输入：=IF（B9="", "", "第 "&MID（A8，2，1）+1&" 步"），当 B8 单元格输入数据时则判断有第二稀释步骤，自动显示"第 2 步"，A9 单元格与供试品步骤区同法操作。大多情况下稀释步骤在 3 步以内，因此设计 3 行即可，也可以根据实际需要增加行数，但引用了该区域数据的函数代码也需同步适配。取样量与定容体积仅限填写数字，带有单位将极大地增加代码编写难度。值得注意的是，取样量应填写质量标准规定的标准量而非实际取样量。

　　标准操作语句与溶液浓度生成的函数代码较复杂，但实现原理较为简单，仅依靠 IF 函数并联与多层嵌套即可实现。以对照品操作步骤显示为例，B13 单元格中的函数代码为：=IF（B7="", "", "精密称取对照品适量 "&"（约 "&B7&"mg"&"）"&", 置 "&C7&"ml 量瓶中，用溶剂溶解并稀释至刻度，摇匀；"&IF（B8="", "", "精密量取 "&B8&"ml, "）&IF（C8="", "", "置 "&C8&"ml 量瓶中，用溶剂稀释至刻度，摇匀；"）&IF（B9="", "", "精密量取 "&B9&"ml, "）&IF（C9="", "", "置 "&C9&"ml 量瓶中，用溶剂稀释至刻度，摇匀；"）&IF（B7="", "", "浓度约 "&1000*B7/C7*IF（B8="", 1, B8/IF（C8="", 1, C8/IF（B9="", 1, B9/IF（C9="", 1, C9)))))&"μg/ml。"）。

　　该函数代码前半部分为操作过程语句的生成，后半部分为溶液浓度的计算。前半部分函数代码由 IF 函数并联构成，片段 IF（B7="", "", ……）用于对照品步骤区为空时保持语句生成单元格的空白。绝大多数情况下对照品的取样需要称量，对应的语句为"精密称取对照品适量"，并用"&"连接符连接拟称取的重量语句，其中重量直接引用对照品第一步取样量单元格 B7 即可。完成称量后必然要将对照品置于量瓶中，因此再用"&"连接符连接 "，置 "&C7&"ml 量瓶中，用溶剂溶解并稀释至刻度，摇匀；"，至此对照品溶液第一步定容过程就描述完成了。

函数代码片段 IF（B8=""，""，" 精密量取 "&B8&"ml，"）&IF（C8=""，""，" 置 "&C8&"ml 量瓶中，用溶剂稀释至刻度，摇匀；"），为第二步取样量，此时取样方式为量取溶液，具体量取量引用 B8 单元格即可。其余片段以此类推。

该函数后半部分为溶液浓度的计算，由 IF 函数嵌套构成。浓度计算公式函数代码片段为：1000*B7/C7*IF（B8=""，1，B8/IF（C8=""，1，C8/IF（B9=""，1，B9/IF（C9=""，1，C9））））。其中 1000 为"mg"换算为"μg"；B7/C7 为第一步定容后的浓度计算；IF（B8=""，1，B8/IF（C8=""，1，C8/IF（B9=""，1，B9/IF（C9=""，1，C9）））） 为第二步、第三步稀释后浓度计算。由于不可预见使用过程中具体会有几步稀释步骤，除第一步稀释操作外的后续步骤被留白将导致引用空白而出错，因此留白单元格需进行处理。该片段中的函数代码 IF（B8=""，1，……） 即当第二步稀释的取样量为空白时，返回 1，以此类推。数值 1 在乘除运算中不会改变计算结果，避免了留白错误又确保了浓度计算结果的准确。最后在函数末尾加上浓度单位即可。

供试品处理过程栏 B14 的函数代码为：=IF（E7=""，""，" 精密 "&IF（OR（C3=1，C3=3，C3=4），" 称取 "，" 量取 "）&IF（C3=3，" 本品适量（约 "&E7&"mg"&"）"，""）&IF（C3=2，" 本品（"&E7&"ml"&"）"，""）&IF（C3=1，" 本品细粉适量（约相当于待测成分 "&E7&"mg"&"）"，""）&IF（C3=4，" 本品适量（约相当于待测成分 "&E7&"mg"&"）"，""）&"，置 "&F7&"ml 量瓶中，用溶剂 "&IF（OR（C3=1，C3=4），" 溶解并稀释至刻度，摇匀，滤过，取续滤液；"，"（溶解并）稀释至刻度，摇匀；"）&IF（E8=""，""，" 精密量取 "&E8&"ml，"）&IF（F8=""，""，" 置 "&F8&"ml 量瓶中，用溶剂稀释至刻度，摇匀；"）&IF（E9=""，""，" 精密量取 "&E9&"ml，"）&IF（F9=""，""，" 置 "&F9&"ml 量瓶中，用溶剂稀释至刻度，摇匀;"）&IF(F7=""，""," 浓度约相当于 "&IF(C3=2，C4*1000*E7/F7*IF(E8=""，1，E8/IF(F8=""，1，F8/IF（E9=""，1，E9/IF（F9=""，1，F9））))，1000*E7/F7*IF(E8=""，1，E8/IF（F8=""，1，F8/IF（E9=""，1，E9/IF（F9=""，1，F9）))))&"μg/ml。"))。

函数代码片段 =IF（E7=""，""，" 精密 "&IF（OR（C3=1，C3=3，C3=4），" 称取 "，" 量取 "）&IF（C3=3，" 本品适量（约 "&E7&"mg"&"）"，""）&IF（C3=2，" 本品（"&E7&"ml"&"）"，""）&IF（C3=1，" 本品细粉适量（约相当于待测成分 "&E7&"mg"&"）"，""）&IF（C3=4,"本品适量（约相当于待测成分 "&E7&"mg"&"）"，""），为根据 C3 样品性质单元格数值形成对应的操作语句。当样品属性为液体制剂时（C3=2），称量语句为"量取"，否则为"称取"。用连接符并联 4 个 IF 函数分别形成原料药、液体制剂、固体制剂与半固体制剂对应的称量形态。

其余函数代码片段具体功能与原理可参考对照品处理过程相关说明。

I13 单元格与 I14 单元格分别为对照品与供试品稀释倍数函数代码。I13 单元格函数代码为：=IF（B7=""，""，IF（C7=""，1，C7）/IF（B8=""，1，B8）*IF（C8=""，1，C8）/IF（B9=""，1，B9）*IF（C9=""，1，C9））；I14 单元格函数代码为：=IF（E7=""，""，IF（F7=""，1，F7）/IF（E8=""，1，E8）*IF（F8=""，1，F8）/IF（E9=""，1，E9）*IF（F9=""，1，F9））。其实现原理与上述浓度计算基本一致，此处不再赘述。

（2）实验页　取样栏的设置可参考高效液相色谱法鉴别 ELN 模板。

对照品与供试品栏：紫外 - 可见分光光谱法鉴别大多需要判断对照品与供试品最大吸收波长 / 最小吸收波长的符合情况，同时也有部分情况下需要得到供试品对应吸收波长下吸收度并进行计算。因此可将对照品分为两行，分别记录 $\lambda_{max}/\lambda_{min}$ 及其修约值；供试品则分为 4 行，除记录 $\lambda_{max}/\lambda_{min}$ 及其修约值外分别在其下方记录吸收度值。各数值均分 5 列，即支持 5 个波长及其吸收度的录入，经考察可覆盖所有药典品种的需求。每列在标题栏标注好序号，用以区分并帮助函数定位。

波长修约值以 D14 单元格为例，函数代码为：=IF（OR（C14=""，C14="/"），"/",FDA（VALUE（C14），0））。IF 函数用于判断数据源单元格 C14 中是否反存了数据，若为空或返回"/"符号，则在修约单元格 D14 中显示"/"，否则返回修约值；由于 C14 单元格数据为文本型反存数据，因此修约 FDA 函数中需要使用 VALUE 函数将 C14 中文本型数据转换为数值后再进行修约。吸收波长一般修约至整数，FDA 函数的 places 参数设为 0 即可。其他波长修约单元格同法设置。

供试品吸收度比值栏：一般设置两行承载 2 组吸收度比值即可满足需求。以第一行为例，C22、F22 单元格设置组合框下拉表供选择 λ_{max} 与 λ_{min}，D22、G22 单元格设置组合框下拉表供选择对照品栏序号。E22 单元格输入：=IF（C22=""，"/"，"与"），用于显示连接词，使填写数据后的原始记录更连贯易读。

在比值单元格中输入：=IF（C22=""，"/",FIXED（ROUNDDOWN（IF（C22="λmax"，HLOOKUP（D22，C17:L21，3，0），HLOOKUP（D22，C17:L21，5，0））/IF（F22="λmax"，HLOOKUP（G22，C17:L21，3，0），HLOOKUP（G22，C17:L21，5，0）），L23），L23）），进行吸收度比值的计算。

其中，片段 HLOOKUP（D22，C17:L21，3，0）为使用横向查找函数根据检验人员输入值来获得表格中指定位置的数值。本片段中，lookup_value 参数为 D22，列即序号；table_array 参数选择范围是供试品栏数据区（含标题栏）的整个区域 C17:L21；col_index_num 参数用于定位数据，3 代表首行往下 3 个单元格（含首行），即定位至 A_{max} 的吸收度单元格；range_lookup 参数用于设定匹配度，输入 0 即代表精确查找。该片段通过判断检验人员在预设的组合框下拉表选择内容，即可自动返回指定的最大吸收值。

同理，HLOOKUP（D22，C17:L21，5，0）片段的区别是返回指定的最小吸收值。

本例中第二个逻辑函数 IF（C22="λmax"，……）与第三个逻辑函数 IF（F22="λmax"，……）分别用于判断吸收度比值分子与分母是最大吸收值还是最小吸收值；第一个逻辑函数 IF（C22=""，"/"，……）则是用于判断是否需要计算吸收度比值，未填写关键数据时在比例值单元格中填入"/"以示无数据，使原始记录更规范。

片段 FIXED（ROUNDDOWN（……，L23），L23）采用 FIXED 函数与 ROUNDDOWN 函数组合，均相对引用预置的保留位数单元格 L23，一方面使检验员能根据不同要求灵活设置小数位数，另一方面也能确保数据在"常规"类型的单元格中小数末尾的"0"不被自动删除，使数据位数与形式完全满足质量标准与原始记录要求。

修约单元格中输入：=IF（I22="/"，"/"，FIXED（FDA（VALUE（I22），L23-1），L23-1）），用于计算修约值。值得注意的是，I22 比值单元格经 FIXED 函数处理后其返回的值为文本，需要使用 VALUE 函数进行数值化转换后才能被 FDA 函数修约。修约位数一般比计算结果少一位小数，因此相对引用的保留位数应为 L23-1。

第二行吸收度比值栏的设置参考第一行即可。

供试品吸收系数栏：水分单元格三维引用"辅助录入页"中的水分含量单元格，在录入时直接填写亦可，但约定好填写不带百分号的含水量百分数值更不易出错；吸收系数一般不涉及对照品，稀释倍数单元格相对引用"辅助录入页"供试品稀释倍数 I15 单元格即可，若引用综合稀释倍数将出错。

在吸收系数单元格中输入：=IF（H25=""，"/"，FIXED（ROUNDDOWN（IF（H25="λmax"，HLOOKUP（I25，C17:L21，3，0），HLOOKUP（D22，C17:L21，5，0））*G25*10/G11/（1-IF（F25="/"，0，F25）/100）/IF（H11="g"，1000，1），L25），L25）），即可计算得到吸收系数。

其中片段（1-IF（F25="/"，0，F25）/100）用于折算水分，将水分百分含量转换为小数并带入计算。IF 函数的作用是判断当供试品无需折算水分时（水分单元格数据为"/"符号），则返回 0。

片段 IF（H11="g"，1000，1）用于进行单位换算，若单位为"g"时返回 1000，将"g"转换为"mg"进行计算。或者编制人员也可以基于"g"编制公式，当供试品单位为"mg"时转换为"g"，使检验人员既无需考虑单位换算，也无需受制于某种称量形式。

其他片段基本原理已在前文详述，有需要的读者可自行查阅参考。

结果、标准规定与结论栏：结果、标准规定与结论栏采用相同的单元格设计并一一对应。每栏各分两行，第一行主要针对波长的相关规定与结果结论，第二行分两个部分，用于承载吸收度比值与吸收系数等。根据实际情况可预设一些"符合规定""应符合规定"等组合框下拉表供选择。

（3）多组分反存页　多组分反存页一般分为两个部分：上半部分一般为数据对应表格，本例中对应的是 3 类组分的标准规定、结果与结论。设置对应表格的目的是方便数据的传递，可灵活的对数据进行整理，避免直接使用多组分表格引用时可能出现的数据错位；下半部分为多组分反存表，在第一组分表格中添加相对引用实现数据的反存。本例中多组分反存表单元格中仅设置标准规定、结果与结论即可满足要求，但本例中仅支持 3 个组分的反存。

3. **数据源** 该模板涉及的数据源较多，涉及波长、吸收度与称量 3 类数据，而波长与吸收度又可细分至最大、最小波长与吸收度，还涉及肩峰的情况。具体数据源见图 4-18。

仪器数据源

	序号	仪器类型	名称	反存动态加载	按分析项加载
	4	图谱	对照品λmax1		
	5	图谱	对照品λmax2		
	6	图谱	对照品λmax3		
	7	图谱	对照品λmax4		
	8	图谱	对照品λmax5		
	9	图谱	对照品λmin1		
	10	图谱	对照品λmin2		
	11	图谱	对照品λmin3		
	12	图谱	对照品λmin4		
	13	图谱	对照品λmin5		
	14	图谱	供试品λmax1		
	15	图谱	供试品λmax2		
	16	图谱	供试品λmax3		
	17	图谱	供试品λmax4		
	18	图谱	供试品λmax5		
	23	图谱	A供试品(λmax)1		
	24	图谱	A供试品(λmax)2		
	25	图谱	A供试品(λmax)3		
	26	图谱	A供试品(λmax)4		
	27	图谱	A供试品(λmax)5		
	28	图谱	A供试品(λmin)1		
	29	图谱	A供试品(λmin)2		
	30	图谱	A供试品(λmin)3		
	31	图谱	A供试品(λmin)4		
	32	图谱	A供试品(λmin)5		
	33	图谱	供试品λmin1		
	34	图谱	供试品λmin2		
	35	图谱	供试品λmin3		
	36	图谱	供试品λmin4		
	37	图谱	供试品λmin5		
	39	图谱	λ肩峰		
	40	图谱	A肩峰		
	1	天平	供试品取样		
	2	天平	对照品取样		
	3	天平	其他取样		

图 4-18　紫外 - 可见分光光度法数据源设置

（六）pH 值检查

使用 pH 计测量的项目包括 pH 值、酸度、碱度与酸碱度均可使用相同的模板。pH 值检查法的设计关键是如何准确简便的体现校准过程，现提供一种可行的设计方案如下。

1. 推荐的版面设计　pH 值检查项不涉及计算，内容相对较少，使用"实验页"即可，见图 4-19。

	A	B	C	D	E	F	G	H	I	J	K	L	M	N	O	P	Q	R	S	T	U	V
1									[详细数据.表头数据.标题内容]													
2	实验日期			开始 0					结束 2021-5-9				受控号		[详细数据.受控号数据.受控号]							
3	检品编号		据.表头数据.检品			检品名称						[详细数据.表头数据.检品名称]										
4	检验项目						[详细数据.表头数据.检验项目名称]															
5	仪器信息				仪器名称						仪器型号								仪器编号			
6																						
7	测试条件			测定温度(℃)	草酸盐		苯二甲酸盐		磷酸盐			硼砂		氢氧化钙			其他					
8					▼		▼			▼							▼					
9				5	1.67		4.00		6.95			9.40		13.21								
10				10	1.67		4.00		6.92			9.33		13.00								
11				15	1.67		4.00		6.90			9.27		12.81								
12				20	1.68		4.00		6.88			9.22		12.63								
13				25	1.68		4.00		6.86			9.18		12.45								
14				30	1.68		4.01		6.85			9.14		12.30								
15				35	1.69		4.02		6.84			9.10		12.14								
16				定位与校准时重复操作直至与上表数值一致																		▼
17	对照/标准品(溶液)信息			名称					来源					批号/编号				含量/浓度				
18																						
19	实验操作			取本品	衡数据		适量	，依法操作。														
20	结果		据.串口采集信息	据.串口采集信息			平均		0.00		修约		据.单结果	保留位数			2					
21	标准规定						[详细反写数据.单结果反存.标准规定]															
22	结论						[详细反写数据.单结果反存.结论]															▼
23	备注																					

图 4-19　pH 值检查实验页

2. 关键单元格的设置　测试条件栏设置了 5 种常用的缓冲盐，预置 1 种其他缓冲盐；设置的测定温度从 5~35℃，基本覆盖了室温范围。该表格与 2020 年版《中国药典》四部对应通则基本一致，第 8 行组合框下拉列表中预置"定位"与"校准"两项，录入人员通过选择对应的选项并勾选测定温度，即可准确方便地定位所使用的缓冲液以及定位校准值。第 16 行通过组合框下拉表预置"定位与校准时重复操作直至与上表数值一致"与"定位与校准值与上表数值不一致：测定温度…℃定位至 pH…校准至 pH…"供检验人员选择，当出现实际测定温度或定位校准值与预置表格不一致时，可在该栏中输入实际实验数据。

实验操作栏中可预置常用语句，其中取样单元格后的 G19 单元格（单位 / 数量词）中可使用函数代码进行自动判断：=IF（OR（E19=""，E19="/"），" 适量 "，IF（（E19-INT（E19））=0，"ml"，IF（（LEN（E19）-FIND（"."，E19））＞2，"g"，"mg"）））, 进行自动化处理。函数代码片段 IF（（LEN（E19）-FIND（"."，E19））＞2，"g"，"mg"），为称取固体样品时单位的判断，其原理在前文中已详述；片段 IF

((E19–INT(E19))=0，"ml"，……)，用于判断取样是否为液体样品。一般液体样品需要输入以 ml 为单位的体积，且多数情况下体积为整数，因此本例中 E19 减去 E19 取整（INT 函数）后的值，若为 0 则代表取样大概率为量取的体积，返回单位“ml”，否则为称取固体，计算 FALSE 字段中的函数并返回结果；最外层片段 IF（OR（E19=""，E19="/"），"适量"，……)，用于判断实验过程中是否需要精确取样，若无需精确取样时 E19 单元格一般留白，此时数据源将返回“/”符号。当该 IF 函数判断该单元格为空或“/”时，返回“适量”。值得注意的是，本例中 G19 单元格自动判断结果无法做到完全正确，例如当液体取样体积不为整数时将导致单位输出错误，因此培训过程中需要告知检验人员注意。

3. 数据源 除基础数据源外，该模板仅需 1 个天平称量数据源，2 个 pH 计串口数据源即可，具体见图 4–20。

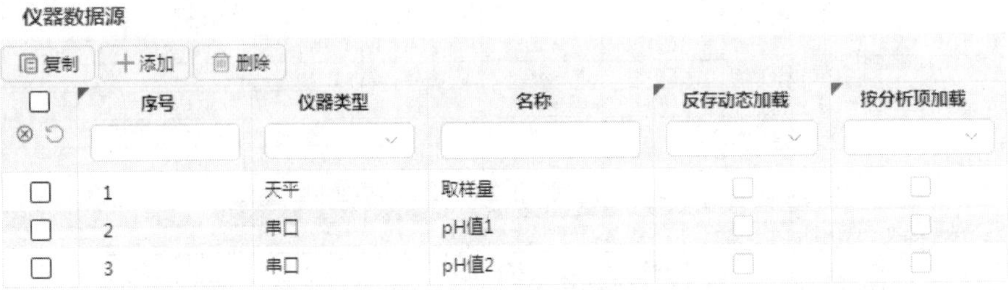

序号	仪器类型	名称	反存动态加载	按分析项加载
1	天平	取样量		
2	串口	pH值1		
3	串口	pH值2		

图 4–20　pH 值检查数据源

（七）不溶性微粒检查

不溶性微粒是注射剂检验中常用的检查项，其特点是不同规格、不同剂型的注射剂测定方法与标准规定不尽相同，绝大多数情况下需要报送 ≥ 10μm 与 ≥ 25μm 两种粒径微粒的数量，因此给模板设计带来了一定的难度。

1. 推荐的版面设计 根据 2020 年版《中国药典》四部通则 0903 不溶性微粒检查法规定，装量 ≥ 100ml 静脉注射液每种粒径微粒至少需要测得 8 个数据，报每毫升中所含微粒均值；装量＜ 100ml，≥ 25ml 静脉注射液每种粒径微粒至少需要测得 8 个数据，报每瓶中所含微粒均值；装量＜ 25ml 静脉注射液 / 注射用粉针每种粒径微粒至少需要测得 8 个数据，报每瓶中所含微粒均值。值得注意的是，不同仪器得到的数据可分两类，一类是输出微粒的累计值，另一类是输出每 ml 中的微粒数，因此需要根据仪器数据输出类型来设计模板。

由于结果需要报送 2 类数值，因此需要使用多组分反存表实现 2 种微粒结果的反存，因此需要建立“报告合成页”预置多组分反存表。

由于开启数据源后存有数据源的表格中会显示数据源信息，导致表格不够清晰，因此本例及以后的模板示例不再开启数据源，仅保留单元格左上方角标以示该单元格需设置数据源。本例以输出累计值的仪器为例，推荐的版面设计见图 4-21，多组分反存表见图 4-22。

	A	B	C	D	E	F	G	H	I	J	K	L
1												
2	实验日期		开始 0			结束 2021-5-15			受控号			
3	检品编号				检品名称							
4	检验项目		不溶性微粒									▼
5	仪器信息		仪器名称			仪器型号			仪器编号			
6												
7	测试条件		仪器自动扣除第一份数据									▼
8	供试品（溶液）的制备		取本品依法检查									▼
9	测试体积		1		单位：ml	标称体积/加水体积			/		单位：ml	
10	≥100ml 静脉注射液		≥10μm 粒/累计									
11			平均粒/ml		0.0		修约粒/ml		少于1			
12			≥25μm 粒/累计									
13			平均粒/ml		0.0		修约粒/ml		少于1			
14	<100ml ≥25ml 静脉注射液		≥10μm 粒/累计									
15			平均粒/ml	0.0		粒/支（瓶）		/		修约		
16			≥25μm 粒/累计									
17			平均粒/ml	0.0		粒/支（瓶）		/		修约		
18	<25ml 静脉注射液 /注射用粉针		≥10μm 粒/累计									
19			平均粒/ml	0.0		粒/支（瓶）		/		修约		
20			≥25μm 粒/累计									
21			平均粒/ml	0.0		粒/支（瓶）		/		修约		
22	结果		≥10μm 粒/ml或支（瓶）			少于1		≥25μm 粒/ml或支（瓶）			少于1	
23	标准规定		每1ml中含10μm及10μm以上的微粒不得过25粒						报告书结论			▼
24			含25μm及25μm以上的微粒不得过3粒									
25	结论											
26	备注		标示装量≥100ml的静脉用注射液，每1ml中含10μm及10μm以上的微粒数不得过25粒，含25μm及25μm以上的微粒数不得过3粒。标示装量<100ml的静脉用注射液、注射用无菌粉末及注射用浓溶液，每个容器中含10μm及10μm以上的微粒数不得过6000粒，含25μm及25μm以上的微粒数不得过600粒。									

图 4-21　不溶性微粒检查实验页

	A	B	C	D	E	F	G	H	I	J	K	L	M	N
1												结果		结论
2												少于1粒		0
3												少于1粒		0
4				标准规定								结果		结论
5			每1ml中含10μm及10μm以上的微粒不得过25粒									少于1粒		0

图 4-22　不溶性微粒检查报告合成页

2. 关键单元格的设置

（1）实验页　C9 与 I9 单元格分别为测试体积与标称体积/加水体积，测试体积指仪器用于测试微粒所吸取的溶液体积，不含排气润洗体积；标称体积/加水体积指注射剂装量/分针稀释时加水体积。测试体积与标称体积/加水体积相乘即得每瓶（支）中微粒总数。对于装量 ≥ 100ml 静脉注射液，仅需报送每毫升中微粒个数，故无需填写标称体积/加水体积。

不同规格/剂型的注射剂数据区共分 3 栏，分别是 ≥ 100ml 静脉注射液、

< 100ml/ ≥ 25ml 静脉注射液与 < 25ml 静脉注射液 / 注射用粉针。每栏分 4 行，每 2 行记录一类微粒的数据。除 < 25ml 静脉注射液 / 注射用粉针原始数据分 3 个单元格外，其余规格均需分 8 个单元格，每个单元格中均需预置数据源。

E11 单元格为每毫升含有微粒的平均值，为实际测得的粒数平均值除以测试体积所得，函数代码为：=IF（E10="/"，""，FIXED（ROUNDDOWN（AVERAGEA（E10:L10）/ C9，1），1）），笔者单位所使用的不溶性微粒检测仪保留 1 位小数且没有修改必要，因此 ROUNDDOWN 函数与 FIXED 函数中的 places 参数无需相对引用，直接填写 1 即可。ROUNDDOWN 函数与 FIXED 函数相关使用说明在实例介绍章节已详述，有需要的读者可自行查阅。该模板其余涉及平均值的单元格函数代码基本一致。

J11 单元格为修约值，函数代码为：=IF（E11="/"，""，IF（VALUE（E11）> 0.5，FDA（VALUE（E11），0），" 少于 1"）），E11 单元格使用了 FIXED 函数，返回值为文本格式，需要使用 VALUE 函数转换为数值后才能进行逻辑判断。当微粒数小于 0.5 粒时，判断为 "少于 1 粒"，由于标题栏标注了单位，因此仅需返回 "少于 1"，在反存过程中再加上单位 "粒"。当微粒数大于等于 0.5 粒时，报送修约后的实际粒数。本例中其他修约单元格均同法编制。

H15 单元格为每支 / 瓶中微粒总数，由 E15 单元格中的每毫升粒数乘以标称体积 / 加水体积而得，函数代码为：=IF（OR（$I$9="/"，E15="/"），"/"，FIXED（ROUNDDOWN（VALUE（E15）*$I$9，1），1））。本例中其他每支 / 瓶中微粒总数单元格均同法编制。

F22 单元格为结果的汇总。由于事先无法得知实际测定过程中注射剂是哪种规格，因此不能固定引用某种规格结果数据，需要进行判断后再引用。由于实际样品仅会满足 3 种注射剂规格中的一种，可据此编写判断逻辑。F22 单元格中的函数代码为：=IF（J11=""，K15&K19，J11），其意义为当 J11 单元格中为空，则代表其规格非 ≥ 100ml 静脉注射液，返回 K15 与 K19 单元格中的数值（K15 与 K19 数据也不可能同时存在），否则返回 J11。值得注意的是，J11 单元格必须设置为当数据栏为空时返回空值才能使后续判断正确，J11 单元格中函数片段 IF（E11="/"，""，……）即起到该作用。建议 ELN 编制人员在编辑函数代码遇到可能引用数据为空或 "/" 符号时，养成使计算 / 判断结果留白或返回 "/" 符号的习惯，这对编制 ELN 模板十分有利，不仅能保持原始记录界面整洁、无歧义，也能辅助进行后续智能化判断。

（2）报告合成页 报告合成页设计相对简单，对应表格仅需设置结果栏与结论栏即可，其中结果栏三维引用 "实验页" 中的结果，并加上单位 "粒"，K2 单元格的具体函数代码为：= 实验页 !F22&" 粒 "；结论栏直接相对引用 "实验页" 中的结论即可。多组分反存表的标准规定三维引用 "实验页" 中的标准规定，结果与结论直接相对引用对应表中的数据。

3. 数据源 该模板无需设置称量数据源，图谱 / 串口数据源的选择以实际配置情况而定，本例使用图谱数据源，见图 4-23。设置图谱 / 串口数据源时，不同类型注射剂同一类型微粒需要分别设置，不可重复拖放至不同位置。

仪器数据源

	序号	仪器类型	名称	反存动态加载	按分析项加载
	1	图谱	≥100ml注射液10μm1		
	2	图谱	≥100ml注射液10μm2		
	3	图谱	≥100ml注射液10μm3		
	4	图谱	≥100ml注射液10μm4		
	5	图谱	≥100ml注射液10μm5		
	6	图谱	≥100ml注射液10μm6		
	7	图谱	≥100ml注射液10μm7		
	8	图谱	≥100ml注射液10μm8		
	9	图谱	≥100ml注射液25μm1		
	10	图谱	≥100ml注射液25μm2		
	11	图谱	≥100ml注射液25μm3		
	12	图谱	≥100ml注射液25μm4		
	13	图谱	≥100ml注射液25μm5		
	14	图谱	≥100ml注射液25μm6		
	15	图谱	≥100ml注射液25μm7		
	16	图谱	≥100ml注射液25μm8		
	17	图谱	100～25ml注射液10μ...		
	18	图谱	100～25ml注射液10μ...		
	19	图谱	100～25ml注射液10μ...		
	20	图谱	100～25ml注射液10μ...		
	21	图谱	100～25ml注射液10μ...		
	22	图谱	100～25ml注射液10μ...		
	23	图谱	100～25ml注射液10μ...		
	24	图谱	100～25ml注射液10μ...		
	25	图谱	100～25ml注射液25μ...		
	26	图谱	100～25ml注射液25μ...		
	27	图谱	100～25ml注射液25μ...		
	28	图谱	100～25ml注射液25μ...		
	29	图谱	100～25ml注射液25μ...		
	30	图谱	100～25ml注射液25μ...		
	31	图谱	100～25ml注射液25μ...		
	32	图谱	100～25ml注射液25μ...		
	33	图谱	＜25ml注射液/粉针10...		
	34	图谱	＜25ml注射液/粉针10...		
	35	图谱	＜25ml注射液/粉针10...		
	36	图谱	＜25ml注射液/粉针25...		
	37	图谱	＜25ml注射液/粉针25...		
	38	图谱	＜25ml注射液/粉针25...		

图 4-23　不溶性微粒检查数据源

（八）重（装）量差异

重量差异、装量差异是固体制剂检验中使用频率极高的一类检查方法。该模板编制看似简单，但要做到自动化却较为困难。完成一项重（装）量差异检验，一般需要经历称量、计算均值、计算限度、结果判断、下结论这几个步骤，而计算均值、计算限度、结果判断这 3 个环节相对复杂并尤为重要，往往在这 3 个环节容易出错。因此，编制一种高度智能化的重（装）量差异 ELN 模板可以大幅减少相关错误发生，节省检验时间，是典型的“一劳永逸”型工作。

由于注射剂粉针、软胶囊需要分开称取瓶/胶囊壳重与内容物重量，与直接称取片重得到数据的模板无法兼容，故该模板不支持注射剂粉针、软胶囊剂型。另外，固体制剂的最低装量检查法也需要单独编制，该模板不兼容最低装量检查法。

1. 推荐的版面设计　实现重（装）量差异的自动化处理需要使用数据与计算作为支撑，但这些内容往往不需要在原始记录正文中显示，因此需要建立新表单承载辅助计算的数据。因此，该模板由“实验页”与“计算辅助页”组合而成，其中“计算辅助页”在编制完成后隐藏。推荐的版面设计见图 4–24 与图 4–25。

	A	B	C	D	E	F	G	H	I	J	K	L
1												
2	实验日期		开始 0			结束 2021-5-16			受控号			
3	检品编号				检品名称							
4	检验项目											▼
5	仪器信息		仪器名称			仪器型号				仪器编号		
6												
7	1～10称量值(g)											
8												
9	11～20称量值(g)											
10												
11	总重(g)		0.0000		平均重装量(g)		0.0000		剂型			▼
12	限度(±%)		0	范围(g)		0.0000		～	0.0000		保留位数	4
13	标准规定		应符合规定									
14	结果		均在范围内								符合规定	
15	结论											▼
16	备注		部分剂型过于复杂或使用率较低，暂不支持自动计算，请手动填写相关内容									

图 4–24　重（装）量差异实验页

2. 关键单元格的设置

（1）计算辅助页　计算辅助页中涉及限度的计算，有必要先行介绍。区域（B5:C10）为剂型与限度区，共设置了片剂、胶囊剂等共 6 种常用剂型，采用 IF 函数判断限度。限度单元格函数代码如下：

C5 片剂单元格：=IF（C2 ＜ 0.3，7.5，5）。

C6 胶囊单元格：=IF（C2 ＜ 0.3，10，7.5）。

C7 颗粒单元格：=IF（C2 ＜ =1，10，IF（C2 ＜ =1.5，8，IF（C2 ＜ =6，7，5）））。

C8 散剂单元格：=IF（C2 ＜ =0.1，15，IF（C2 ＜ =0.5，10，IF（C2 ＜ =1.5，8，

IF（C2 < =6，7，5））））。

C9 栓剂单元格：=IF（C2 < =1,10,IF（C2 < =3,7.5,5））。

C10 膜剂单元格：=IF（C2 < =0.02，15，IF（C2 < =0.2，10，7.5））。

其原理比较简单，通过 IF 函数比较 C2 平均重量单元格数据大小，返回对应的限度值。这个过程是所有剂型的限度值同时进行改变的，只要选择了对应的剂型，读取剂型标题之后的限度

	A	B	C
1	剂型	总重	平均
2	胶囊	0	0
3	限度		
4	0		
5		片剂	7.5
6		胶囊剂	10
7		颗粒剂	10
8		散剂	15
9		栓剂	10
10		膜剂	15
11			
12	称量总重		
13	计算总重	0	

图 4-25　重（装）量差异计算辅助页

单元格数值即可得到当前重量下正确的限度。

A2 单元格三维引用"实验页"中剂型的选择，其函数代码为：= 实验页 !K11。

A4 单元格为限度选择单元格，函数代码为：=IF（A2=" 片剂 "，C5，IF（A2=" 胶囊剂 "，C6，IF（A2=" 膜剂 "，C10，IF（A2=" 颗粒剂 "，C7，IF（A2=" 散剂 "，C8，IF（A2=" 栓剂 "，C9，A48）））））），通过 IF 函数的嵌套读取 A2 单元格返回的指定剂型限度值。除 IF 函数嵌套实现读取对应剂型的限度值外，也可使用 HLOOKUP 函数进行读取，有兴趣的读者可自行尝试。

B2 单元格为所称取样品的总重。总重的获取方式分为两种，一种是将所有制剂一并放入天平称取总重，片剂一般使用这种方式；另一种是分别称取单位制剂的重量，再通过加和计算得到总重，胶囊剂等制剂需要采用该方式。但如果编制通用型模板，两种总重称量方式要兼容，则需要设计逻辑判断。通过观察可知道，两种总重获得方式在数据源的使用上有差别，片剂需要用到称取总重的数据源加上单位制剂的数据源，预置的 B12 称量总重单元格中将返回数据源数据；而胶囊剂等采用加和各单位制剂重量的剂型则无需使用总重数据源，预置的 B12 称量总重单元格中将返回"/"符号，利用两者的差别即可实现区分。

B2 单元格中的函数代码为：=IF（OR（B12="/"，B12=""），B13，B12），即当 B12 称量总重单元格返回"/"符号或为空时，返回 B13 计算总重单元格数值，否则返回 B12 称量总重单元格数值，实现了不同方法总重数据的兼容。在 ELN 模板完成编制的使用过程中，数据源为空的单元格默认返回"/"符号，理论上不存在返回空值，而 ELN 模板编制界面不与实际数据源关联，此时返回空值。加入函数片段 OR（B12="/"，B12=""）的目的是为了在编制 ELN 模板过程中方便验证，不论输入"/"与否都能返回正确的结果。

B13 计算总重单元格中的函数代码为：=SUM（实验页 !C7:L10），用 SUM 函数计算"实验页"单位制剂重量的总和。

C2 单元格为平均重量的计算。值得注意的是，不同制剂称取的样品数量是不同的，本例涉及的主要剂型可分为 2 类，一类是片剂、胶囊剂等需要称取 20 个单位的样品；另一类如颗粒剂、散剂等仅需称取 10 个单位。可采用 IF 函数对剂型进行判断，并将返回的制剂取样数值作为分母计算平均重量。C2 单元格的函数代码为：=ROUNDDOWN（B2/IF（A2=" 片 剂 "，20，IF（A2=" 胶 囊 剂 "，20，IF（A2=" 膜剂 "，20，IF（A2=" 颗粒剂 "，10，IF（A2=" 散剂 "，10，IF（A2=" 栓剂 "，10，20）))))），实验页 !L12），同样采用 IF 函数的嵌套实现剂型与分母数值的选择。

至此，通过单元格与函数的设计就完整的实现了 6 种常用制剂的限度智能化计算，在"实验页"中引用对应数据即可完成限度范围的自动显示。

（2）实验页（C7:L10）为称量数据区，单元格中依次绑定称量数据源。

C11 单元格为制剂总重，函数代码为：=FIXED（计算辅助页 !B2，L12），三维引用"计算辅助页"的总重单元格。由于"计算辅助页"的总重单元格自动判断了总重获取方式，因此不同的称取计算方式不会导致数据空缺。与计算辅助页不同的是，该数据需要使用 FIXED 函数，避免末尾"0"数值被自动隐藏，而"计算辅助页"无需在原始记录中显示，因此末尾"0"数值被自动隐藏不会导致数据规范性问题。

同样，G11 平均重（装）量单元格三维引用"计算辅助页"对应数据，函数代码为：=FIXED（计算辅助页 !C2，L12）。

K11 单元格为剂型的组合框下拉表，需要检验人员选择。值得注意的是，组合框下拉表中的剂型名称应与"计算辅助页"中函数读取的名称完全一致。

C12 单元格为限度，直接三维引用计算辅助页 A4 单元格。

F12 单元格与 I12 单元格分别为限度范围的下限与上限。F12 单元格函数代码为：=FIXED（ROUNDDOWN（G11*（100−C12）/100，L12），L12）；I12 单元格函数代码为：=FIXED（ROUNDDOWN（G11*（100+C12）/100，L12），L12）。值得注意的是，本例中限度为不带百分号的百分数值，其数值形式与质量标准 / 通则一致，使其更直观。若编制人员选用非百分率的小数形式来显示限度，则限度范围计算公式需要进行对应的修改。

得到限度范围后，一般需要将称量结果逐一与限度范围比较，而人工比较过程需要耗费时间精力，容易出现漏检错检的情况，导致结果判断错误。为避免此类问题，提高检验效率，有必要设计一种自动判断结果的方法。当前推荐的方法为在 C14 结果单元格中输入函数代码：=IF（（（COUNTIF（C7:L10，" < "&F12）+COUNTIF（C7:L10，" > "&I12））=0，" 均在范围内 "，" 有 "&（COUNTIF（C7:L10，" < "&F12）+COUNTIF（C7:L10，" > "&I12）&" 个数据超过限度 "&"，有 "&（COUNTIF（C7:L10，

" ＜ "&（G11*（100–C12*2）/100））+COUNTIF（C7:L10," ＞ "&（G11*（100+C12*2）/100））&" 个数据超过限度 1 倍 "）））。该函数代码已在第三章"统计超过限度数值的个数"中详细阐述，此处不再赘述。

K14 单元格为结果反存单元格，函数代码为：=IF（C14=" 均在范围内 "," 符合规定 "," 请判断并输入结果 "）。由于重（装）量差异涉及复检情况或部分非成册质量标准的特殊要求，检验结果判断较为复杂，因此仅在结果单元格获得"均在范围内"时反存"符合规定"的报告书结果，其他情况则返回"请判断并输入结果"，提醒检验人员结合实际情况输入报告书结果。

3. **数据源** 该模板仅需称量数据源，具体设置见图 4–26。

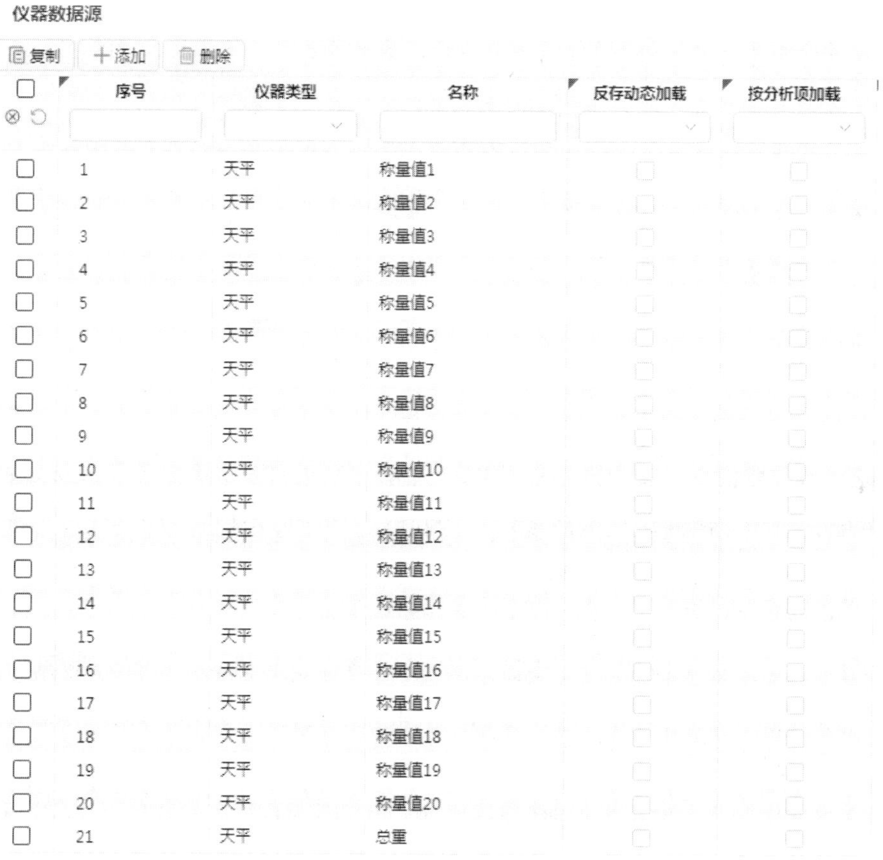

图 4–26 重（装）量差异数据源设置

（九）费休氏法水分检查

费休氏法水分检查内容相对较少，仅用"实验页"即可。本例基于具有报告输出功能的水分仪制作，所有数据均采用图谱数据源，主要从两方面考虑：一是部分仪器读取天平数据需要占用串口，二是样品受环境湿度影响较大，需要快速操作，期间称量数据上传系统导致操作时间延长，不利于数据准确性的把控。因此具有报告输出功能的仪器建议均采用图谱数据源获取数据。

1. 推荐的版面设计　见图 4–27。

	A–B	C–D	E–F	G–H	I–J	K–L
1						
2	实验日期	开始 0		结束 2021-5-16	受控号	
3	检品编号		检品名称			
4	检验项目					
5	仪器信息	仪器名称		仪器型号		仪器编号
6						
7	环境监控信息	探头编号	开始时间	结束时间	平均湿度(%)	平均温度(℃)
8						
9	测试条件	说明：费休氏试液标定3份，3次连续标定结果应在±1%以内，平均值作为费休氏试液的浓度。				
10	试剂信息	名称		来源		批号
11		费休氏液		国药集团化学试剂有限公司 ▼		
12	实验操作	取本品依法测定。				
13	费休液标定	水重（g）	V卡氏试剂(mL)	滴定度（mg/mL）	平均（mg/mL）	允许范围（mg/mL）
14	1				见关联标定信息	
15	2				标定平均值小数位数	
16	3				6	/
17	费休液关联标定	/ ▼				
18	样品结果	供试品取样量（g）	V卡氏试剂(mL)	水分（%）	平均（%）	修约
19	1					
20	2				平均值小数位数	修约值小数位数
21	3				5	1
22	标准规定					
23	结论	▼				
24	备注	水分结果为仪器代入漂移值计算后自动显示结果				

图 4–27　费休氏法水分检查实验页

2. 关键单元格的设置　由于测定环境的湿度对费休氏法检验过程有影响，因此需要记录环境监控信息。获得环境监控信息需要预先在实验室中安装实时环境监控设备，并能记录设定时间段内的环境信息的功能。环境监控信息数据源位置在数据源→列表数据→温湿度信息。编制时，将该数据源拖放至指定位置，一般设置探头编号、开始时间、结束时间、平均湿度与平均温度 5 列。

（C14:G16）与（C19:G21）分别为费休氏试液标定与样品测定结果数据源区域，分别绑定对应的图谱数据源。一般费休氏法水分仪会自动根据漂移值修正测定结果，因此无需计算。

I14 单元格为水分标定平均值，函数代码为：=IF（OR（G14="", G14="/"），" 见关联标定信息 "，FIXED（FDA（AVERAGEA（G14:G16），I16），I16））。

K14 单元格为标定结果偏差范围（±1%）下限，函数代码为：=IF（OR（G14="/", G14=""），""，" 下限："&ROUNDDOWN（VALUE（I14）*0.99，I16））。

K15 单元格为标定结果偏差范围（±1%）上限，函数代码为：=IF（OR（G14="/", G14=""），""，" 上限："&ROUNDDOWN（VALUE（I14）*1.01，I16））。

K16 单元格为标定结果与偏差范围符合的判断，函数代码为：=IF（OR（K14="", K14="/"），"/", AND（（K15–G14）> 0,（G14–K14）> 0,（K15–G15）> 0,（G15–K14）

＞0，（K15–G16）＞0，（G16–K14）＞0），"在允许范围内"，"不在允许范围内")。

部分情况下，一次费休氏试液的标定可用于多批次 / 多品种水分的测定，标定记录每批次均上传并不利于检验效率的提高，因此在管理制度允许的前提下，可填写关联标定信息进行溯源。C17 单元格为关联标定说明单元格，可用组合框下拉表预置"/"（上传标定数据的默认选项）、"见编号……"与"见标准溶液标定记录，编号：……"（在系统中填写了标准溶液标定记录时选择）。

I19 为样品测定结果的平均值，函数代码为：=IF（OR（C19="/"，C19=""），""，FIXED（ROUNDDOWN（AVERAGEA（G19:G21），I21），I21））。

K19 为样品测定结果的修约值，函数代码为：=IF(I19="","",FIXED(FDA(VALUE（I19），K21），K21）&"%"）。

3. 数据源　该 ELN 模板均采用图谱数据源，具体设置见图 4–28。

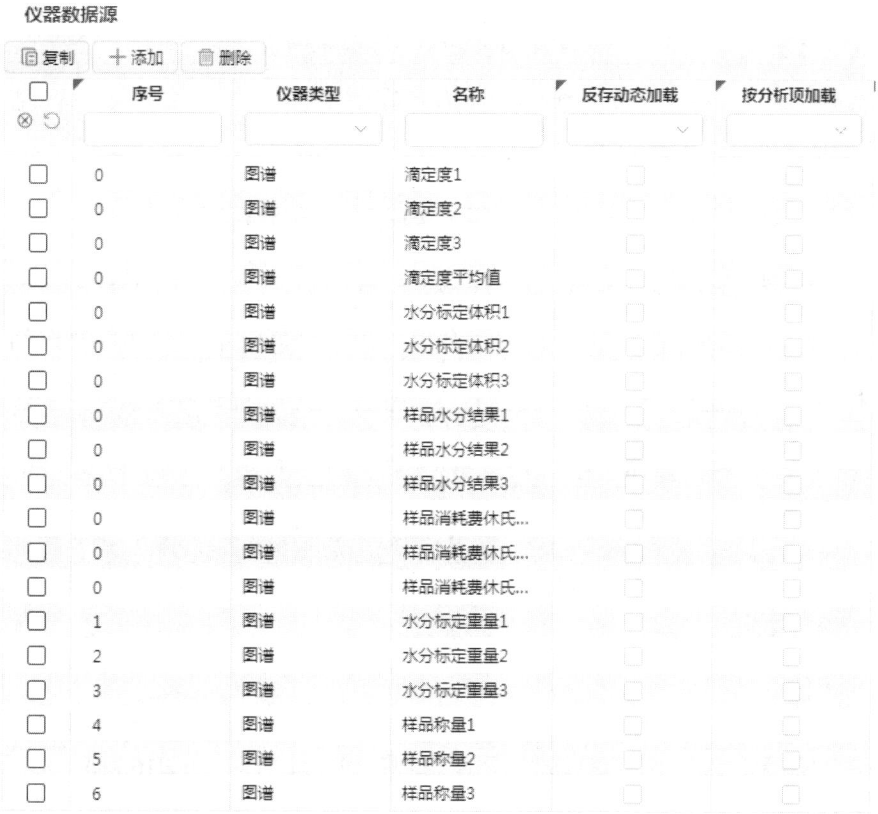
仪器数据源

复制 添加 删除

序号	仪器类型	名称	反存动态加载	按分析项加载
0	图谱	滴定度1		
0	图谱	滴定度2		
0	图谱	滴定度3		
0	图谱	滴定度平均值		
0	图谱	水分标定体积1		
0	图谱	水分标定体积2		
0	图谱	水分标定体积3		
0	图谱	样品水分结果1		
0	图谱	样品水分结果2		
0	图谱	样品水分结果3		
0	图谱	样品消耗费休氏...		
0	图谱	样品消耗费休氏...		
0	图谱	样品消耗费休氏...		
1	图谱	水分标定重量1		
2	图谱	水分标定重量2		
3	图谱	水分标定重量3		
4	图谱	样品称量1		
5	图谱	样品称量2		
6	图谱	样品称量3		

图 4–28　费休氏法水分检查数据源设置

（十）溶出度 / 释放度

溶出度与释放度方法类似，可以合并成为通用型模板。该法信息量较大，涉及复杂计算，需要"辅助录入页""实验页""结果页"与"报告合成页"共同承载该方法。

1. 推荐的版面设计　推荐的版面设计见图 4-29~ 图 4-32。

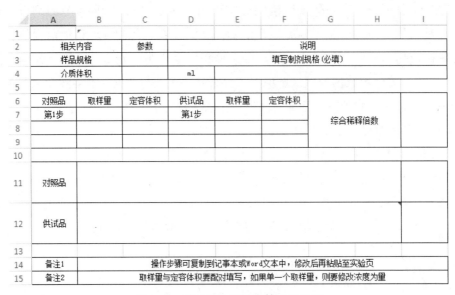

图 4-29　溶出度 / 释放度辅助录入页

图 4-30　溶出度 / 释放度实验页

检品编号				检品名称						
对照信息	取样量				单位	mg	对照品纯度			
计算公式	A供×W对×对照品纯度 / A对	×		/	×	单位换算 1 / 规格 1	×	100%	结果单位 % / 小数位数 1	

测定数据

A对照品	A1		A2		A平均	0	
时间/介质	1	2	3	4	5	6	RSD%
6粒胶囊壳吸收度/峰面积							

溶出量%

时间/介质	1	2	3	4	5	6	平均	修约
	/	/	/	/	/	/	/	/
	/	/	/	/	/	/	/	/
	/	/	/	/	/	/	/	/
	/	/	/	/	/	/	/	/
	/	/	/	/	/	/	/	/
	/	/	/	/	/	/	/	/

溶出度结果/累积溶出%

标准规定	取样量	ml	溶介体积	ml	累积释放量=释放量+Σ(i-1)×取样量/溶介体积						结论
	时间	1	2	3	4	5	6	平均	修约		
限度为标示量的%,应符合规定		/	/	/	/	/	/	/	/		
		/	/	/	/	/	/	/	/		
		/	/	/	/	/	/	/	/		
		/	/	/	/	/	/	/	/		
		/	/	/	/	/	/	/	/		
		/	/	/	/	/	/	/	/		

图 4-31　溶出度 / 释放度结果页

数据对应表

标准规定	1	2	3	4	5	6	平均	结论
为标示量的%,应符合								ELN中填写
在ELN中填写标准规								ELN中填写
在ELN中填写标准规								ELN中填写
在ELN中填写标准规								ELN中填写
在ELN中填写标准规								ELN中填写
在ELN中填写标准规								ELN中填写

多结果反存表

标准规定	结果	结论
为标示量的%,应符合	% % % % % %	ELN中填写

图 4-32　溶出度 / 释放度报告合成页

2. 关键单元格的设置

（1）辅助录入页　E7 单元格与 F7 单元格分别为供试品溶液第一步稀释步骤。第一步取样量即为一个单位制剂的有效成分标示含量，即为规格，定容体积即为溶出介质体积。由于 C3 与 C4 单元格已填写样品规格与溶出介质体积，第一步稀释步骤引用 C3 与 C4 单元格即可。建议 ELN 编制中遵循"不重复填写数据"的原则。

由于溶出度 / 释放度一般为外标法计算，需要计算对照品的稀释倍数，因此将供试品溶液稀释倍数除以对照品溶液稀释倍数得到"综合稀释倍数"供计算使用。在 I6 单元格中输入函数代码：=IF（I11="", "", I12/I11）即可。

B11 单元格为对照品配制过程语句，函数代码为：=IF（B7="", "", "精密称取对照品适量 "&"（约 "&B7&"mg"&"）"&"，置 "&C7&"ml 量瓶中，用溶剂溶解并稀释至刻度，摇匀；"&IF（B8="", "", "精密量取 "&B8&"ml，"）&IF（C8="", "", "置 "&C8&"ml 量瓶中，用溶剂稀释至刻度，摇匀；"）&IF（B9="", "", "精密量取 "&B9&"ml，"）&IF（C9="", "", "置 "&C9&"ml 量瓶中，用溶剂稀释至刻度，摇匀；"）&IF（B7="", "", "浓度约 "&1000*B7/C7*IF（B8="",1,B8/IF（C8="",1,C8/IF（B9="", 1，B9/IF（C9="", 1，C9））））&"μg/ml。"））。

I11 单元格为对照品溶液稀释倍数，函数代码为：=IF（B7="", "", IF（C7="", 1, C7）/IF（B8="", 1, B8）*IF（C8="", 1, C8）/IF（B9="", 1, B9）*IF（C9="", 1, C9））。

B12 单元格为供试品配制过程语句，函数代码为：=IF（E7="", "", "取溶出液适量，滤过，取续滤液 "&IF（E8="", "。", "；精密量取 "&E8&"ml，"）&IF（F8="", "", "置 "&F8&"ml 量瓶中，用溶剂稀释至刻度，摇匀；"）&IF（E9="", "", "精密量取 "&E9&"ml，"）&IF（F9="", "", "置 "&F9&"ml 量瓶中，用溶剂稀释至刻度，摇匀；"）&IF（F7="", "", "浓度约相当于 "&1000*E7/F7*IF（E8="", 1, E8/IF（F8="", 1, F8/IF（E9="", 1, E9/IF（F9="", 1, F9））））&"μg/ml。"））。

I12 单元格为供试品溶液稀释倍数，函数代码为：=IF（E7="", "", IF（F7="", 1, F7）/IF（E8="", 1, E8）*IF（F8="", 1, F8）/IF（E9="", 1, E9）*IF（F9="", 1, F9））。

（2）实验页　E7 溶出方法单元格使用组合框下拉表预置篮法、桨法、小杯法与流池法等方法供选择。

J7 测定法单元格使用组合框下拉表预置 UV 法与 HPLC 法等方法供选择。

E8~E10 单元格均可使用组合框下拉表预置"与质量标准一致"。

K9 介质温度单元格应设置为文本格式，以便在录入如"37.0"时能准确显示为零的小数。

E11 UV 法参数单元格可根据 J7 测定法单元格下拉表选项自动显示内容，函数代码为：=IF（J7="UV 法"，"狭缝为 2nm，测定波长与质量标准一致"，"/"），当检验员选择了 UV 法后，该单元格自动显示仪器信息，非 UV 法则显示"/"符号。

同理，E13 HPLC 法参数单元格函数代码为：=IF（J7="HPLC 法"，"流动相与质量标准（配制方法、组成比例、pH 以及洗脱程序等）均一致"，"/"）；E14 单元格函数代码为：=IF（J7="HPLC 法 "，" 波长、进样量与质量标准一致，流速为 1ml/min"，"/"）。

由于该模板设计为溶出度与释放度兼容，当测定释放度时将显示 2 个以上时间点，将有 2 个以上结果与标准规定。因此"实验页"中单结果与标准规定的设置不能满足释放度报告要求，在本页的结果与标准规定单元格中均预置"见结果页"的描述。

（3）结果页　本例中的"结果页"共分 4 个数据表格区域：第一个数据表格区为检品信息与计算公式；第二个数据表格区为原始数据区与稀释倍数；第三个数据表格区为溶出量的计算；第四个数据表格区为标准规定、累积溶出与结论区。其中，第二至第四数据表格区内的数据单元格采用了一一对应的形式，不仅使数据更易核对，同时也方便带有复杂计算的单元格横向竖向的复制操作，降低编制工作量。

O3 对照品单位单元格采用自动判断单位的功能，函数代码为：=IF（OR（I3=""，I3="/"），"mg"，IF（（LEN（I3）–FIND（"."，I3））＞2，"g"，"mg"）），其原理与函数使用可参考前文"应用实例"对应内容。

第 4、5 行为预置的计算公式。此处的计算公式主要用于计算过程的展示，使原始记录更完整，方便查阅人员了解计算过程并进行核算，并非所有内容均参与实际结果的计算。用于展示的计算公式中各计算单元可分为三类：一类属于"共用数据"，比如对照品取样量与纯度、单位换算因子、规格与其他系数，即每份取用的样品均可引用的共用数据。这类数据可在第一个数据表格区中计算公式展示等处固定位置填写，供各单元格引用。第二类属于"独立数据"，比如供试品吸收度/峰面积等。这类数据需要跟随计算表格，一个结果引用一个数据。第三类属于"部分共用数据"，比如稀释倍数。这类数据同样需要跟随计算表格，一个结果引用一个数据，但这类数据有可能相同或部分相同。

以稀释倍数为例，当溶出度/释放度各时间点取样体积与稀释步骤完全一致时，仅存在 1 个稀释倍数；当释放度因不同时间点溶出的有效成分浓度差异大，质量标准中不同时间点稀释步骤不一样时，就存在不同的稀释倍数。为了提高该 ELN 模板的兼容性，稀释倍数应跟随第二或第三数据表格供检验人员根据实际情况填写数据。

J4 单元格为其他系数，当计算过程中需要折算分子量、折算响应因子、扣除结晶水等情况时，在该单元格中将所需计算的系数数值一并以乘积的形式填入该单元格中，后续计算引用该单元格数值进行计算。

Q4 单元格内仅需填写"稀释倍数"的文字，实际数值在第二数据区填写。

（D7:U16）单元格为原始数据与稀释倍数区域。其中"时间/介质"列用于区分不同行的时间点或介质，无输入限制；（F10:P15）单元格为各时间点 1~6 个制剂单位测定数据源的绑定；"稀释倍数"列各单元格默认引用"辅助录入页"中的综合稀释倍数，R10 单元格的函数代码为：=IF（OR（F10="/"，辅助录入页 !I6=""），"/"，辅助录入页 !I6），其余单元格复制粘贴该单元格即可；N16 单元格为胶囊壳测定数据源的绑定，当该数据源为空时，返回"/"；D16 单元格用于显示胶囊壳测定数据的描述，函数代码为：=IF（OR（N16="/"，N16=""），"/"，"6 粒胶囊壳吸收度 / 峰面积 "），根据 N16 单元格返回值判断是否显示胶囊壳测定语句。

（D18:U26）单元格为溶出量计算区域。F20 单元格中的函数代码为：=IF（OR（F10="/"，F10=""），"/"，FIXED（ROUNDDOWN（F10/$R$8*$I$3*IF（OR（$U$3=""，$U$3="/"），1，$U$3）*$O$4/$O$5*IF（OR（$J$4=""，$J$4="/"），1，$J$4）*IF（OR（$R10=""，"/"），1，$R10）*100，$W$5），$W$5））。该函数代码中凡属第一类"共用数据"均使用了绝对引用，因此可以将该单元格横向纵向复制粘贴即可完成其他溶出量计算单元格的编制，大幅提升编制效率。

R20 平均值单元格函数代码为：=IF（F20="/"，"/"，FIXED（ROUNDDOWN（AVERAGEA（F20:Q20），$W$5），$W$5））；T20 修约单元格函数代码为：=IF（F20="/"，"/"，FIXED（FDA（VALUE（R20），$W$5-1），$W$5-1））。其余单元格复制粘贴即可。

N26 单元格用于计算胶囊壳测定结果，函数代码为：=IF（OR（N16="/"，N16=""），"/"，FIXED（ROUNDDOWN（N16/6/$R$8*$I$3*IF（OR（$U$3=""，$U$3="/"），1，$U$3）*$O$4/$O$5*IF（OR（$J$4=""，$J$4="/"），1，$J$4）*$Q$4*100，$W$5），$W$5））；D26 单元格则根据 N26 单元格返回的数值显示对应的内容，函数代码为：=IF（OR（N16="/"，N16=""），"/"，" 每粒胶囊壳溶出量（< 2% 忽略不计，> 25% 试验无效)"）。

（A28:X36）单元格为溶出度结果 / 累积溶出区域。"标准规定"与"结论"列可根据实际情况输入标准规定与结论。结果区第一行（F31:Q31）不涉及累积溶出的计算，因此直接引用上一表格溶出量计算区域中溶出量第一行。后续行需要根据 F29 溶出液取样量与 J29 溶出介质体积单元格数值计算累积溶出，其用于展示的计算公式在 L29 单元格中显示。

对于累积值的计算，本例并非采用溶出量累积方式，而是采用测定数据的累积。一般来说，溶出量保留 1 位小数，有效数字多为 3 位。如果使用溶出量进行累积将导致负误差并积累。因此本例直接使用吸收度或峰面积等原始测定数据进行累积，尽量减少误差的出现。以第二个时间点的累积计算为例，校正的测定数据 = 第二取样点测定数据 + 第一取样点测定数据 × 取样体积 / 溶出介质体积；第三个时间点的校正的测定数据 = 第三取样点测定数据 +（第一取样点测定数据 + 第二取样点测定数据）× 取样体积 / 溶出介质体积；其余时间点以此类推。各时间点第一个结果计算单元格函数代码如下，后续单位制剂复制粘贴第一个单元格即可。

F31 单元格：=F20。

F32 单元格：=IF（OR（F21="/"，F21=""），"/"，FIXED（ROUNDDOWN（（F11+

F10/$J$29*$F$29）/$R$8*$I$3*IF（OR（$U$3="",$U$3="/"），1，$U$3）*$O$4/$O$5*IF（OR（$J$4="",$J$4="/"），1，$J$4）*$Q$4*100，$W$5），$W$5））。

F33 单元格：=IF（OR（F22="/"，F22=""），"/"，FIXED（ROUNDDOWN（（F12+（F10+F11）/$J$29*$F$29）/$R$8*$I$3*IF（OR（$U$3="",$U$3="/"），1，$U$3）*$O$4/$O$5*IF（OR（$J$4="",$J$4="/"），1，$J$4）*$Q$4*100，$W$5），$W$5））。

F34 单元格：=IF（OR（F23="/"，F23="/"），"/"，FIXED（ROUNDDOWN（（F13+（F10+F11+F12）/$J$29*$F$29）/$R$8*$I$3*IF（OR（$U$3="",$U$3="/"），1，$U$3）*$O$4/$O$5*IF（OR（$J$4="",$J$4="/"），1，$J$4）*$Q$4*100，$W$5），$W$5））。

F35 单元格：=IF（OR（F24="/"，F24=""），"/"，FIXED（ROUNDDOWN（（F14+（F10+F11+F12+F13）/$J$29*$F$29）/$R$8*$I$3*IF（OR（$U$3="",$U$3="/"），1，$U$3）*$O$4/$O$5*IF（OR（$J$4="",$J$4="/"），1，$J$4）*$Q$4*100，$W$5），$W$5））。

F36 单元格：=IF（OR（F25="/"，F25=""），"/"，FIXED（ROUNDDOWN（（F15+（F10+F11+F12+F13+F14）/$J$29*$F$29）/$R$8*$I$3*IF（OR（$U$3="",$U$3="/"），1，$U$3）*$O$4/$O$5*IF（OR（$J$4="",$J$4="/"），1，$J$4）*$Q$4*100，$W$5），$W$5））。

（4）报告合成页　"数据对应表"与"结果页"中的"溶出度结果 / 累积溶出"表格一一对应，但并非直接引用。通过观察可发现，"结果页"中的"溶出度结果 / 累积溶出"表格所返回的结果为未修约数值，溶出量报送结果一般为整数。而"结果页"承载了 4 个数据区，内容较多，难以做到在页面范围内放置修约区。因此修约合并到"报告合成页"的"数据对应表"中。以 G1 单元格为例，函数代码为：=IF（结果页 !F31="/"，""，FIXED（FDA（VALUE（结果页 !F31），结果页 !$W$5-1），结果页 !$W$5-1））。标准规定与结论列除了三维引用"结果页"中的标准规定与结论外，可设置提醒语句，以 C3 标准规定单元格为例，函数代码为：=IF（结果页 !A31=""，" 请在 ELN 中填写标准规定 "，结果页 !A31），结论列可同法设置。

"多结果反存表"设置 3 列，分别为标准规定、结果与结论。标准规定与结论单元格直接引用上方的"数据对应表"对应单元格即可；结果单元格相对复杂，不同情况下的结果反存格式有所不同。以中检院对溶出度 / 释放度结果报告格式为例，一般抽验与委托检验的合格样品报送溶出量平均值，不合格样品与注册检验样品则需要报送各单位制剂的溶出量，因此需要使用函数判断不同的情况，并返回正确的结果。

本例"多结果反存表"中结果单元格 H12 中函数代码为 :=IF（OR（VALUE（MID（实验页 !$C$3，7，1））=3，结果页 !V31=" 不符合规定 "），G3&"%"&" "&I3&"%"&" "&K3&"%"&" "&M3&"%"&" "&O3&"%"&" "&Q3&"%"，S3&"%"）。其中，函数代码片段 VALUE（MID（实验页 !$C$3，7，1））=3，为样品类型判断。设某药品检验机构样品编号为 XXXXXX3XXXX，从左至右第 7 位数值为样品类型代码，若其中代码

仪器数据源

	序号	仪器类型	名称	反存动态加载	按分析项加载
	0	图谱	A胶囊壳		
	0	图谱	对照品峰面积1		
	0	图谱	对照品峰面积2		
	0	图谱	时间/介质1-1		
	0	图谱	时间/介质1-2		
	0	图谱	时间/介质1-3		
	0	图谱	时间/介质1-4		
	0	图谱	时间/介质1-5		
	0	图谱	时间/介质1-6		
	0	图谱	时间/介质2-1		
	0	图谱	时间/介质2-2		
	0	图谱	时间/介质2-3		
	0	图谱	时间/介质2-4		
	0	图谱	时间/介质2-5		
	0	图谱	时间/介质2-6		
	0	图谱	时间/介质3-1		
	0	图谱	时间/介质3-2		
	0	图谱	时间/介质3-3		
	0	图谱	时间/介质3-4		
	0	图谱	时间/介质3-5		
	0	图谱	时间/介质3-6		
	0	图谱	时间/介质4-1		
	0	图谱	时间/介质4-2		
	0	图谱	时间/介质4-3		
	0	图谱	时间/介质4-4		
	0	图谱	时间/介质4-5		
	0	图谱	时间/介质4-6		
	0	图谱	时间/介质5-1		
	0	图谱	时间/介质5-2		
	0	图谱	时间/介质5-3		
	0	图谱	时间/介质5-4		
	0	图谱	时间/介质5-5		
	0	图谱	时间/介质5-6		
	0	图谱	时间/介质6-1		
	0	图谱	时间/介质6-2		
	0	图谱	时间/介质6-3		
	0	图谱	时间/介质6-4		
	0	图谱	时间/介质6-5		
	0	图谱	时间/介质6-6		
	0	天平	对照品取样		

图 4-33 溶出度 / 释放度数据源

"3"属于注册样品类型代码,使用 MID(样品编号单元格,7,1)即可获取该位置代码。因此,使用函数代码:IF(OR(VALUE(MID(实验页!$C$3,7,1))=3,结果页!V31="不符合规定"),各单位制剂溶出量,平均溶出量),即可根据样品编号与检验人员输入的结论自动判断返回的数据形式。

各单位制剂溶出量的显示属于多数值的并列。使用"&"可将引用内容、数值与文本进行连接,本例中各类结果数据均未加单位,因此在"多结果反存表"的结果单元格中需要加上"%"符号;多数据并列时一般各数据需要隔开,本例使用空格分隔数据,即使用 &" " 进行分隔。若需要使用"、"符号分隔,将 &" " 改为 &"、" 即可。

3. 数据源 本例仅涉及对照品取样一个天平数据源,其余为 36 个图谱数据源,详见图 4-33。

(十一)气相色谱法含量均匀度

含量均匀度以 UV 法、HPLC 法为多,GC 法相对较少。由于本指南中 UV 法与 HPLC 法均有涉及,因此本例介绍 GC 法含量均匀度。

1. 推荐的版面设计 该模板涉及复杂计算,由"辅助录入页""实验页"与"结果页"组成。由于含量均匀度报告书结果简单,不涉及多组分,因此无需"报告合成页"。推荐的版面设计见图 4-34~ 图 4-36。

	A	B	C	D	E	F	G	H	I
1									
2	相关内容		参数	说明					
3	样品性质		1	1为固体制剂、2为液体制剂、3为原料、4为半固体制剂					
4	样品规格		单位	片 ▼		液体制剂填每ml含量,原料不填			
5									
6	对照品	取样量	定容体积	供试品	取样量	定容体积			
7	第1步			第1步					
8									
9									
10									
11	水分含量			%		综合稀释倍数(对照品倍数/供试品倍数)			
12									
13	对照品处理过程/稀释倍数								
14	供试品处理过程/稀释倍数								

图 4-34 气相色谱法含量均匀度辅助录入页

实验日期	开始 0		结束 2021-5-21		受控号				
检品编号		检品名称							
检验项目	含量均匀度 ▼								
仪器信息	仪器名称		仪器型号			仪器编号			
测试条件	色谱柱								
	检测器	FID ▼	进样口温度(℃)		检测器温度(℃)				
	载气	氮气	载气流量(ml/min)		进样量(μl)	1			
	柱温/初始柱温	与质量标准一致 ▼	氢气流量(ml/min)		空气流量(ml/min)				
	升温程序	/							
	顶空法参数								
	溶剂	与质量标准一致							
对照品信息	名称		来源		批号		含量/浓度		
其他称量	1#	2#	3#	4#	5#				
其他图谱	6#	7#	8#	9#	10#				
系统适用性试验	同含量测定项下								
	理论板数	分离度		其他					
对照/标准品(溶液)的制备	同含量测定								
供试品(溶液)的制备	同含量测定								
结果	A+2.20S	0.0							
标准规定	A+2.2S≤15.0								
结论									
备注									

图 4-35　气相色谱法含量均匀度实验页

检品编号		检品名称								
检验项目										
样品水分	/	单位	%	对照品单位	mg	供试品单位	片			
计算公式	A样×W对×其他系数×对照品纯度 / A对		×	单位换算 1 / 规格 1	× 稀释倍数 × 100%	结果单位	%			
						小数位数	2			

结果表

RS纯度	A对1	样品	A供1	A供2	含对1供1	含对1供2	含对2供1	含对2供2	平均	A
		1								
稀释倍数		2								S
	A对1平均	3								
	0	4								A+系数S 系数2.20
其他系数	A对2	5								
		6								
W对1		7								修约
	A对2平均	8								
W对2	0	9								0.0
		10								

图 4-36　气相色谱法含量均匀度结果页

2. 关键单元格的设置

（1）辅助录入页　除供试品处理过程语句中取样量为单位制剂外，其余部分与前文"紫外-可见分光光度法"模板制作基本一致。本例不涉及自身对照法，因此将"对照品性质"栏删除，在对照品与供试品制备语句生成函数代码中进行了对应的精简，供有需要的读者使用。

B13 对照品处理过程单元格函数代码为：=IF（B7="", "", " 精密称取对照品适量 "&"（约 "&B7&"mg"&"）"&"，置 "&C7&"ml 量瓶中，用溶剂溶解并稀释至刻度，摇匀；"&IF（B8="", "", " 精密量取 "&B8&"ml，"）&IF（C8="", "", " 置 "&C8&"ml 量瓶中，用溶剂稀释至刻度，摇匀；"）&IF（B9="", "", " 精密量取 "&B9&"ml，"）&IF（C9="", "", " 置 "&C9&"ml 量瓶中，用溶剂稀释至刻度，摇匀；"）&IF（B7="", "", " 浓度约 "&1000*B7/C7*IF（B8="", 1, B8/IF（C8="", 1, C8/IF（B9="", 1, B9/IF（C9="", 1, C9））））&"μg/ml。"））。

B14 供试品处理过程单元格函数代码为：=IF（E7="", "", " 取本品 1"&E4&"，置 "&F7&"ml 量瓶中，用溶剂 "&IF（OR（C3=1, C3=4）, " 溶解并稀释至刻度，摇匀，滤过，取续滤液；", "（溶解并）稀释至刻度，摇匀；"）&IF（E8="", "", " 精密量取 "&E8&"ml，"）&IF（F8="", "", " 置 "&F8&"ml 量瓶中，用溶剂稀释至刻度，摇匀；"）&IF（E9="", "", " 精密量取 "&E9&"ml，"）&IF（F9="", "", " 置 "&F9&"ml 量瓶中，用溶剂稀释至刻度，摇匀；"）&IF（F7="", "", " 浓度约相当于 "&IF（C3=2, C4*1000*E7/F7*IF（E8="", 1, E8/IF（F8="", 1, F8/IF（E9="", 1, E9/IF（F9="", 1, F9）)））, 1000*E7/F7*IF（E8="", 1, E8/IF（F8="", 1, F8/IF（E9="", 1, E9/IF（F9="", 1, F9）)）)）&"μg/ml。"））。

（2）实验页　除"测试条件"为气相色谱法专有参数外，其余部分风格与其他模板类似。

E8 检测器类型单元格可用组合框下拉表预置"FID""ECD"等常用检测器类型，可在编辑模板时预选使用频率最高的 FID 检测器；E9 载气单元格可预置"氮气""氦气"与"氢气"，并预选氮气。

K9 为进样量单位单元格，可采用函数作自动判断。当顶空升温程序单元格填写非"/"的参数时，即为溶液直接进样，单位多为"μl"，函数代码为：=IF（E11="/"，"（μl）", "（ml）"）。L9 单元格为实际进样量，可预填 1 作为默认值。

E11 升温程序单元格可预置"与质量标准一致"与"/"，当选择"/"符号时代表非顶空进样。E12 顶空法参数单元格无需使用组合框下拉表，相对引用 E11 单元格即可，多数情况下无需修改。

气相色谱法可能涉及系统适用性实验，并可能存在无法预知的称量与测定操作，因此在第 16 与 17 行预置了其他称量与图谱，绑定数据源并标注编号。在需要对称量与图谱进行描述的单元格中用编号代替实际数据来表达。设其他称量 1# 单元格的称量数据源返回 12.3mg，可在系统适用性中描述为：精密称取对照品（1#）mg，……。

由于含量均匀度结果为数值，限度也相对固定，因此可使用函数实现自动给出结论，大多数情况下能满足要求。C24 结论单元格函数代码为：=IF（OR（E22="0.0", K28=""）, "", IF（VALUE（E22）> 15, " 不符合规定 ", " 符合规定 "））。

（3）结果页　E5 计算公式分子为固定文本；E6 分母在极少见的情况下可能会需要扣除水分，函数代码为：=IF（E4="/"，"A 对 "，"A 对 ×（1– 水分）"）。

由于 GC 法进样进度不如液相色谱法，需要进平行样，故本例中对照品与供试品均设计了"双样双针"的数据形式，其中每份对照品峰面积做平均处理后带入计算，其余数据分别计算，每个样品将得到 4 个结果，取 4 个结果的平均值作为该样品的含量值。第一个样品 4 个结果单元格的函数代码如下。

K10 对照品 1 供试品峰面积 1 含量结果单元格：=IF（OR（G10="/"，G10=""），""，FIXED（ROUNDDOWN（G10/\$C\$13*\$A\$17*IF（OR（\$A\$10=""，\$A\$10="/"），1，\$A\$10）/IF（OR（\$E\$4=""，\$E\$4="/"），1，（100–\$E\$4）/100）*\$O\$5/\$O\$6*IF（OR（\$A\$12=""，\$A\$12="/"），1，\$A\$12）*IF（OR（\$A\$15=""，\$A\$15="/"），1，\$A\$15）*100，\$W\$6），\$W\$6））。

M10 对照品 1 供试品峰面积 2 含量结果单元格：=IF（OR（I10="/"，I10=""），""，FIXED（ROUNDDOWN（I10/\$C\$13*\$A\$17*IF（OR（\$A\$10=""，\$A\$10="/"），1，\$A\$10）/IF（OR（\$E\$4=""，\$E\$4="/"），1，（100–\$E\$4）/100）*\$O\$5/\$O\$6*IF（OR（\$A\$12=""，\$A\$12="/"），1，\$A\$12）*IF（OR（\$A\$15=""，\$A\$15="/"），1，\$A\$15）*100，\$W\$6），\$W\$6））。

O10 对照品 2 供试品峰面积 1 含量结果单元格：=IF（OR（\$C\$15="/"，\$C\$15=""），""，FIXED（ROUNDDOWN（G10/\$C\$18*\$A\$19*IF（OR（\$A\$10=""，\$A\$10="/"），1，\$A\$10）/IF（OR（\$E\$4=""，\$E\$4="/"），1，（100–\$E\$4）/100）*\$O\$5/\$O\$6*IF（OR（\$A\$12=""，\$A\$12="/"），1，\$A\$12）*IF（OR（\$A\$15=""，\$A\$15="/"），1，\$A\$15）*100，\$W\$6），\$W\$6））。

Q10 对照品 2 供试品峰面积 2 含量结果单元格：=IF（OR（\$C\$15="/"，\$C\$15=""，I10="/"），""，FIXED（ROUNDDOWN（I10/\$C\$18*\$A\$19*IF（OR（\$A\$10=""，\$A\$10="/"），1，\$A\$10）/IF（OR（\$E\$4=""，\$E\$4="/"），1，（100–\$E\$4）/100）*\$O\$5/\$O\$6*IF（OR（\$A\$12=""，\$A\$12="/"），1，\$A\$12）*IF（OR（\$A\$15=""，\$A\$15="/"），1，\$A\$15）*100，\$W\$6），\$W\$6））。

S10 单元格为 4 个含量结果的平均值，函数代码为：=IF（K10=""，""，FIXED（ROUNDDOWN（AVERAGEA（K10:R10），\$W\$6），\$W\$6））。

以上各含量与平均值单元格复制粘贴至其余 9 个样品单元格中即可。

U10 单元格为 10 个样品含量均值的均值，函数代码为：=IF（K10=""，""，FIXED（ROUNDDOWN（AVERAGEA（S10:T19），\$W\$6），\$W\$6））。

W10 单元格为含量均匀度计算中标示量与均值之差的绝对值，函数代码为：=IF（S10=""，""，ABS（100–VALUE（U10）））。

W12 单元格为 10 个含量数据的标准差，函数代码为：=IF（K10=""，""，

仪器数据源

| | 复制 | 添加 | 删除 | | | |

	序号	仪器类型	名称	反存动态加载	按分析项加载
☐	1	天平	W对1	☐	☐
☐	2	天平	W对2	☐	☐
☐	5	图谱	A对1-1	☐	☐
☐	6	图谱	A对1-2	☐	☐
☐	7	图谱	A对2-1	☐	☐
☐	8	图谱	A对2-2	☐	☐
☐	9	图谱	A供1-1	☐	☐
☐	10	图谱	A供1-2	☐	☐
☐	11	图谱	A供1-3	☐	☐
☐	12	图谱	A供1-4	☐	☐
☐	13	图谱	A供1-5	☐	☐
☐	14	图谱	A供1-6	☐	☐
☐	15	图谱	A供1-7	☐	☐
☐	16	图谱	A供1-8	☐	☐
☐	17	图谱	A供1-9	☐	☐
☐	18	图谱	A供1-10	☐	☐
☐	19	图谱	A供2-1	☐	☐
☐	20	图谱	A供2-2	☐	☐
☐	21	图谱	A供2-3	☐	☐
☐	22	图谱	A供2-4	☐	☐
☐	23	图谱	A供2-5	☐	☐
☐	24	图谱	A供2-6	☐	☐
☐	25	图谱	A供2-7	☐	☐
☐	26	图谱	A供2-8	☐	☐
☐	27	图谱	A供2-9	☐	☐
☐	28	图谱	A供2-10	☐	☐
☐	29	天平	其他称量1	☐	☐
☐	30	天平	其他称量2	☐	☐
☐	31	天平	其他称量3	☐	☐
☐	32	天平	其他称量4	☐	☐
☐	33	天平	其他称量5	☐	☐
☐	34	图谱	其他图谱1	☐	☐
☐	35	图谱	其他图谱2	☐	☐
☐	36	图谱	其他图谱3	☐	☐
☐	37	图谱	其他图谱4	☐	☐
☐	38	图谱	其他图谱5	☐	☐
☐	39	图谱	理论板数	☐	☐
☐	40	图谱	分离度	☐	☐
☐	41	图谱	其他	☐	☐

图 4-37　气相色谱法含量均匀度数据源

ROUNDDOWN（STDEVA（S10:T19），2））。

X14 为含量均匀度标准差系数，一般为 2.2，当不符合规定时有可能调整为 1.7，因此需要单独设立单元格设置系数。

W15 单元格为含量均匀度结果计算，函数代码为：=IF（W10=""，""，FIXED（ROUNDDOWN（W10+VALUE（X14）*W12，2），2））。

W18 修约单元格函数代码为：=FIXED（FDA（VALUE（W15），1），1）。

3. 数据源　气相色谱法含量均匀度数据源设置见图 4-37。

（十二）容量法含量均匀度

容量法含量均匀度信息量相对上文中的气相色谱法含量均匀度要小，由"辅助录入页"与"实验页"两个工作表承载即可。

1. 推荐的版面设计　推荐的版面设计见图 4-38 与图 4-39。

图 4-38　容量法含量均匀度辅助录入页

2. 关键单元格的设置

（1）辅助录入页　容量法不涉及对照品的制备，因此仅需保留供试品相关的部分。

H6 稀释倍数单元格仅计算供试品稀释倍数，函数代码为：=IF（F7=""，1，F7）*IF（F8=""，1，F8）*IF（F9=""，1，F9）/IF（E8=""，1，E8）/IF（E9=""，1，E9）。

B13 供试品处理过程语句单元格函数代码为：=IF（E7=""，""，"精密 "&IF（OR（C3=1，C3=3，C3=4），"称取"，"量取"）&IF（C3=3，"本品适量（约 "&E7&"mg"&"）"，""）&IF（C3=2，"本品（"&E7&"ml"&"）"，""）&IF（C3=1，"

	A	B	C	D	E	F	G	H	I	J	K	L
1												
2	实验日期	开始 0				结束 2021-5-22			受控号			
3	检品编号				检品名称							
4	检验项目											
5	仪器信息	仪器名称					仪器型号			仪器编号		
6												
7	环境信息（非水滴定时记录）	探头编号			开始时间		结束时间		平均湿度(%)		平均温度(℃)	
8												
9	测试条件	滴定度				mg/ml	指示剂		与质量标准一致 ▼			g ▼
10		终点颜色/现象					稀释用溶剂		与质量标准一致 ▼			
11		电极						▼	滴定管编号			
12	滴定液信息	名称			来源			批号/编号		含量/浓度		
13												
14	供试品(溶液)的制备											
15	滴定液	滴定液浓度			名义值		f(滴定液)		f=滴定液浓度/滴定液名义值			
16	计算公式	V供×T×f滴定液×100%			×	单位换算	1		×	稀释倍数	×	其他系数
17						规格	1					
18	单位	各取1 ▼		滴定体积	ml	结果单位	%	滴定液	mol/L	小数位数	2	
19	结果表		V滴定体积		V0空白	V0返滴法	稀释倍数	其他系数	结果		平均	
20						/						
21						/					A	
22						/						
23						/					S	
24			/			/						
25						/	1		/		A+系数×S	
26						/					系数为	2.2
27						/						
28						/					修约	
29											D18单元格 填写滴定管	
30	标准规定					A+2.2S≤15.0						
31	结论											
32	备注											
33	高氯酸VS浓度折算(10℃以上重新标定)	标定温度(t0,℃)		/	折算公式		N0		滴定液原始浓度(N0, mol/L)		/	
34		滴定温度(t1,℃)		/	N1=		1+0.0011×(t1-t0)		滴定液折算浓度(N1, mol/L)		/	

图 4-39 容量法含量均匀度实验页

本品细粉适量（约相当于待测成分 "&E7&"mg"&"）"），""）&IF（C3=4," 本品适量（约相当于待测成分 "&E7&"mg"&"）"），""）&"，置 "&F7&"ml 量瓶中，用溶剂 "&IF（OR（C3=1，C3=4），" 溶解并稀释至刻度，摇匀，滤过，取续滤液；"，"（溶解并）稀释至刻度，摇匀；"）&IF（E8=""，""，" 精密量取 "&E8&"ml，"）&IF（F8=""，""，" 置 "&F8&"ml 量瓶中，用溶剂稀释至刻度，摇匀；"）&IF（E9=""，""，" 精密量取 "&E9&"ml，"）&IF（F9=""，""，" 置 "&F9&"ml 量瓶中，用溶剂稀释至刻度，摇匀;"）&IF(F7=""，""，" 浓度约相当于 "&IF(C3=2,C4*1000*E7/F7*IF(E8=""，1,E8/IF（F8=""，1,F8/IF（E9=""，1，E9/IF（F9=""，1，F9)))),1000*E7/F7*IF（E8=""，1,E8/IF（F8=""，1，F8/IF（E9=""，1，E9/IF（F9=""，1，F9)))))&"μg/ml。"））。

（2）实验页 部分非水滴定法受温度影响较大，需要记录环境温度，因此在第7、第8行插入了环境信息栏。环境信息栏与仪器、对照品信息类似，采用数据源列表数据引用外部信息。对应的数据源位置为："数据源"→"列表数据→"温湿度信息"，将"温湿度信息"拖入选定的单元格区域，设定需要显示的内容即可。

G15 单元格填写滴定液名义值。滴定液名义值指质量标准中规定的滴定液浓度，

如 "0.1mol/L 盐酸滴定液" 中的 0.1 即为该滴定液名义值。所用滴定液的实际浓度则填写在 E15 单元格中。滴定液浓度除以滴定液名义值即为滴定液的 f 值，f 值是计算容量法结果的必要数值。

C16 单元格为计算公式中的固定部分，由于含量均匀度不涉及称量取样，因此该部分无分母，其余部分与其他 ELN 模板保持相似风格。

容量法分直接滴定法和返滴定法，同时需要兼顾扣除空白值。I20 结果单元格函数代码为：=IF（C20=""，""，FIXED（ROUNDDOWN（IF（OR（F20=""，F20="/"），IF（OR（E$20=""，E$20="/"），C20，C20-E$20），F20-C20）*$E$9*$I$15/C20/IF（OR（$C$15=""，$C$15="/"），1，（100-$C$15）/100）*$H$16/$H$17*G20*IF（OR（H$20=""，H$20="/"），1，H$20）*100，$L$18），$L$18））。

函数代码片段 IF（OR（F20=""，F20="/"），IF（OR（E$20=""，E$20="/"），C20，C20-E$20），F20-C20），用于判断直接滴定法与返滴定法，并扣除空白值。将该函数片段分解，最外层 IF 函数 IF（OR（F20=""，F20="/"），直滴法，返滴法），通过判断 F20 单元格是否填写数据来返回对应的方法计算结果；当 F20 填有数据，判断为返滴法，返回 F20-C20 返滴法 V0 与供试品滴定体积之差的运算结果；当 F20 为空或 "/"，判断为直滴法，返回 IF（OR（E$20=""，E$20="/"），C20，C20-E$20）的运算结果；直滴法运算公式中，使用 IF 函数判断 E20 单元格是否为空或 "/"，是则表明无需扣除空白，直接返回 C20 滴定体积，否则返回 C20-E20 供试品滴定体积与空白试剂消耗体积之差。

其他结果单元格复制粘贴第一个结果单元格即可。含量均匀度的计算过程与气相色谱法含量均匀度模板一致，此处不再赘述。

该模板存在两处极易忽视导致漏填的单元格，一是 L11 滴定管编号单元格，二是 D18 单个制剂单位。为了避免出现此类疏漏，可在适宜位置设置提醒功能。本例中在函数代码较少的修约单元格中设置提醒，函数代码为：=IF（I20=""，""，FIXED（FDA（VALUE（K27），1），1））&IF（D18=""，"填写 D18 单元格"，""）&IF（L11=""，"填写滴定管编号"，""），即使用连接符 "&" 在数据后连接了两个 IF 函数，通过判断对应单元格是否为空来返回相应提示语句。

当含量均匀度系数改变时，C30 标准规定单元格中的系数往往容易忽略导致前后不一，可将标准规定表达式中的系数引用结果表中的系数单元格，函数代码为：="A+"&L26&"S ≤ 15.0"。

含量均匀度结果数据简单，结论单元格可通过函数实现自动判断，C31 结论单元格函数代码为：=IF（OR（LEFT（K29，1）="填"，K29=""），""，IF（VALUE（K29）＞15，"不符合规定"，"符合规定"））。

高氯酸滴定液受温度影响较大，使用时需要进行判断与校准，L34 滴定液折算浓度单元格函数代码为：=IF（L33="/"，"/"，ROUNDDOWN（L33/（1+0.0011*（E34–E33）)，5））。

3. 数据源　容量法含量均匀度不涉及称量与图谱数据源。若采用自动滴定仪操作且能匹配串口，可根据实际情况添加。

（十三）有关物质

有关物质是化学药品常用检查项，涉及多种组分与不同计算方法，遇到响应因子与分子量折算的频率高，属于 ELN 编制中难度较高的模板。但此类 ELN 模板编制方法与技巧一旦充分掌握，可将其编制经验延伸到其他检查项、含量测定项、中药甚至化妆品的 ELN 模板中，对于模板编制具有较高的参考意义。

1. 推荐的版面设计　该模板由“辅助录入页”“实验页”“结果页”与“报告合成页”共同承载。版面设计见图 4–40~ 图 4–43。

	A	B	C	D	E	F	G	H	I
1									
2	相关内容		参数	说明					
3	样品性质		3	1为固体制剂、2为液体制剂、3为原料、4为半固体制剂					
4	制剂规格			液体制剂填每ml含量，原料不填					
5									
6	对照品	取样量	定容体积	供试品	取样量	定容体积	自身对照	取样体积	定容体积
7	第1步			第1步			第1步		
8									
9									
10									平均小数位数
11	(内容物)平均重量：取		▼		总重		平均	1	4
12	水分含量			%	外标法综合稀释倍数(对照品倍数/供试品倍数)				
13									
14	对照品处理过程/稀释倍数								
15	供试品处理过程/稀释倍数								
16									
17	备注1	操作步骤可复制到记事本或Word文本中，修改后再粘贴至实验页							
18	备注2	取样量与定容体积要配对填写，如果单一个取样量，则要修改浓度为量							

图 4–40　有关物质检查辅助录入页

2. 关键单元格的设置

（1）辅助录入页　有关物质等涉及复杂计算的 ELN 模板正确输入样品性质的代码对于结果录入的帮助较大，但往往该单元格被忽视，导致后续录入出现错误，需要花费精力排查原因。为避免出现此类问题，建议复杂模板使用函数自动判断样品性质。自动判断的依据是查找样品名称的关键词，根据不同关键词返回不同样品类型代码。C3 样品性质单元格函数代码为：=IF（OR（ISNUMBER（FIND（"片"，实验页!G3)），ISNUMBER（FIND（"胶囊"，实验页!G3)），ISNUMBER（FIND（"栓"，

	仪器信息/测试条件/对照品信息			
实验日期	开始 0	结束 2021-6-5	受控号	
检品编号		检品名称		
检验项目				
仪器信息	仪器名称	仪器型号	仪器编号	
测试条件	色谱柱			
	检测器 ▼	流速 ▼	柱温 ℃	
	波长与进样量 ▼			
	流动相 ▼			
	溶剂 ▼			
对照品信息	名称	来源	批号/编号	含量/浓度
其他称量	1#	2#	3#	4# 5#
其他图谱	6#	7#	8#	9# 10#
系统适用性试验	无			
	理论板数	分离度	其他	
对照/标准品(溶液)的制备				
供试品(溶液)的制备				
结果	见结果页			
标准规定	见结果页			
结论	见结果页			
备注				

图 4-41 有关物质检查实验页

检品编号		检品名称		
检验项目				
(内容物)平均重量	取本品适量，依法操作	总重 /	平均 1	单位 /
样品水分	/	单位 %	对照品单位 mg	供试品单位 /
计算公式(外标法)	A供×W对×其他系数×对照品纯度 / A对×W供	单位换算 1 / 规格 1	× 稀释倍数 × 100%	结果单位 % / 小数位数 2
计算公式(自身对照法)%	A样/A对×稀释倍数% 自身对照法稀释倍数=对照溶液取样体积/定容体积×100 =			可在合成页单独修改

结果表

标准规定文字	限度	方法	纯度	W对	A对	W/V供	A供	稀释倍数	系数	结果	修约	结论
不得过		▼						/				符合规定

图 4-42 有关物质检查结果页

实验页 !G3）），ISNUMBER（FIND（"注射用"，实验页 !G3）），ISNUMBER（FIND（"膜"，实验页 !G3）），ISNUMBER（FIND（"丸"，实验页 !G3）），ISNUMBER（FIND（"颗粒"，实验页 !G3）），ISNUMBER（FIND（"散"，实验页 !G3）））,1,IF（OR（ISNUMBER（FIND（"注射液"，实验页 !G3）），ISNUMBER（FIND（"口服液"，实验页 !G3）），ISNUMBER（FIND（"糖浆"，实验页 !G3）），ISNUMBER（FIND（"溶液"，实验页 !G3）））,2,IF（OR（ISNUMBER（FIND（"乳膏"，实验页 !G3）），ISNUMBER（FIND（"软膏"，实验页 !G3）），ISNUMBER（FIND（"凝胶"，实验页 !G3））），4,3）））。该函数代码使用了 3 层 IF 函数，每层 IF 函数使用 OR 函数并列判断一类制剂中的关键词，使用 FIND 函数查找样品名称中关键词的位置，并用 ISNUMBER 函数判断 FIND

	组分序号	小数位数	方法	A自身对照	W对	A对	W供	A供	标准规定	结果	结论
									预置对应表		
3	1	2	0						不得过		符合规定
4	2	2	0								
5	3	2	0								
6	4	2	0								
7	5	2	0								
8	6	2	0								
9	7	2	0								
10	8	2	0								
11	9	2	0								
12	10	2	0								
13	11	2	0								
14	12	2	0								
15	13	2	0								
16	14	2	0								
17	15	2	0								
18	16	2	0								
19	17	2	0								
20	18	2	0								
21	19	2	0								
22	20	2	0								
23						多结果反存表					
24	组分名称	Column5	A自身对照	对照品取样	对照品峰面	供试品取样	试品峰面		标准规定	结果	结论
25									不得过		符合规定

图 4-43　有关物质检查报告合成页

函数是否返回了位置数值而返回 "TURE" 或 "FALSE" 供外层函数进行判断。最外层 IF 函数用于判断固体制剂类型，是则返回 1（固体制剂），否则运行第二层 IF 函数；第二层用于判断溶液型制剂，是则返回 2（液体制剂），否则运行第三层 IF 函数；第三层用于判断半固体制剂，是则返回 4（半固体制剂），否则返回 3（原料药）。

有关物质大体可分两种计算方法，一种是使用对照品制备对照品溶液并参与计算的外标一点法，另一种是使用供试品溶液稀释得到对照溶液的自身对照法。因此在（G6:I9）区域增加了自身对照的稀释步骤记录表格，使后续函数代码能根据输入的数据实现自动化处理。对照品、供试品与自身对照均预置 3 步稀释，可根据实际情况增加但需要对引用单元格进行对应的修改。

有关物质涉及外标法以标示量计算杂质含量，制剂的平均重量需要参与计算，因此第 11 行设置为平均重（装）量取用记录。由于结果页引用该行数据生成取用语句，相关单元格应采用组合框下拉表的形式固定数据。C11 单元格预置 "20" "10" 与 "5" 共 3 个数值，D11 单元格预置 "片" "粒" "袋" 与 "瓶" 共 4 个制剂单位，F11 单元格绑定总重数据源，H11 单元格输入函数代码：=ROUNDDOWN（IF（OR（F11=""，F11="/"），1，F11/C11），I11），根据之前输入的数据计算平均重（装）量。

C11 单元格也可使用函数实现自动判断制剂单位，实现方式与 C3 样品性质单元格类似，但实现方式更简单，C11 实现自动判断的推荐函数代码为：=IF（ISNUMBER（FIND（"片"，实验页 !G3）），"片"，""）&IF（ISNUMBER（FIND（"膜"，实验页 !G3）），"片"，""）&IF（ISNUMBER（FIND（"胶囊"，实验页 !G3）），"粒"，""）&IF（ISNUMBER

（FIND（"栓"，实验页!G3）），"粒"，""）&IF（ISNUMBER（FIND（"丸"，实验页!G3）），"粒"，""）&IF(ISNUMBER(FIND(" 散"，实验页!G3)),"袋"，"")&IF(ISNUMBER(FIND（"颗粒"，实验页!G3）），"袋"，""）&IF（ISNUMBER（FIND（"注射用"，实验页!G3）），"支"，""）&IF（ISNUMBER（FIND（"注射液"，实验页!G3）），"支/瓶/袋"，""）&IF（ISNUMBER（FIND（"糖浆"，实验页!G3）），"支/瓶"，""）&IF（ISNUMBER（FIND（"口服液"，实验页!G3）），"支/瓶"，""）&IF（ISNUMBER（FIND（"溶液"，实验页!G3）），"支/瓶"，""）&IF（ISNUMBER（FIND（"乳膏"，实验页!G3）），"支/瓶"，""）&IF(ISNUMBER(FIND(" 软膏"，实验页!G3)),"支/瓶"，"")&IF(ISNUMBER(FIND（"凝胶"，实验页!G3）），"支/瓶"，""），该函数由若干 IF 函数片段用"&"符号并列构成，每个 IF 函数片段在样品名单元格中查找指定的关键词，是则返回该制剂对应的制剂单位，否则留白，从而实现了制剂单位的自动输入。

I12 单元格为外标法综合稀释倍数，函数代码为：=IF（I14=""，""，I15/I14）。

B14 对照品处理过程单元格函数代码为：=IF（H7=""，""，"对照溶液：精密量取供试品溶液 "&H7&"ml"&"，置 "&I7&"ml 量瓶中，用溶剂稀释至刻度，摇匀；"&IF（H8=""，""，"精密量取 "&H8&"ml，"）&IF（I8=""，""，"置 "&I8&"ml 量瓶中，用溶剂稀释至刻度，摇匀;"）&IF（H9=""，""，"精密量取 "&H9&"ml，"）&IF（I9=""，""，"置 "&I9&"ml 量瓶中，用溶剂稀释至刻度，摇匀；"）&"浓度约 "&IF（C3=2，C4，1）*1000*E7/F7*IF（E8=""，1，E8/IF（F8=""，1，F8/IF（E9=""，1，E9/IF（F9=""，1，F9））））*H7/I7*IF（H8=""，1，H8/IF（I8=""，1，I8/IF（H9=""，1，H9/IF（I9=""，1，I9））））&"μg/ml。"）&IF（B7=""，""，"对照品溶液：精密称取对照品适量 "&（约 "&B7&"mg"&"）"&"，置 "&C7&"ml 量瓶中，用溶剂溶解并稀释至刻度，摇匀；"&IF（B8=""，""，"精密量取 "&B8&"ml，"）&IF（C8=""，""，"置 "&C8&"ml 量瓶中，用溶剂稀释至刻度，摇匀;"）&IF（B9=""，""，"精密量取 "&B9&"ml，"）&IF（C9=""，""，"置 "&C9&"ml 量瓶中，用溶剂稀释至刻度，摇匀；"）&IF（B7=""，""，"浓度约 "&1000*B7/C7*IF（B8=""，1，B8/IF（C8=""，1，C8/IF（B9=""，1，B9/IF（C9=""，1，C9）））））&"μg/ml。"）。该函数代码可分为两个部分，一个部分是自身对照的对照溶液操作语句与溶液浓度，另一个部分是外标法对照品溶液操作语句与溶液浓度，两部分语句通过"&"符号并联。

该函数代码设计与原理在前文中已介绍，不同之处主要有 2 点：一是不再设置对照品性质栏，通过 IF 函数判断对照品与自身对照溶液配制区域是否填写数据来确定是否返回相关操作语句与浓度，具体用函数片段 IF（H7=""，""，自身对照溶液……）显示自身对照溶液相关内容，用函数片段 F（B7=""，""，外标对照品溶液……）显示外标对照品溶液相关内容；二是将不同样品性质稀释倍数计算的函数代码进行整合，使用函数代码片段 IF（C3=2，C4，1）确定液体制剂与其他剂型取样量。当选择为液体制剂时，将液体制剂每毫升标示含量代入计算，否则返回数值 1。本例使用不同的编制方法旨在提供不同的思路，各检验机构可根据实际情况选择适宜的实现方式。

I14 单元格为对照品稀释倍数的计算，函数代码为：=IF（B7=""，""，IF（C7=""，1，C7）/IF（B8=""，1，B8）*IF（C8=""，1，C8）/IF（B9=""，1，B9）*IF（C9=""，1，C9）），此处无需增加自身对照法的稀释倍数计算，自身对照法的稀释倍数在结果页设置，避免数据冲突，降低编制难度。

B15 供试品处理过程单元格函数代码为：=IF（E7=""，""，" 精密 "&IF（OR（C3=1，C3=3，C3=4），" 称取 "，" 量取 "）&IF（C3=3，" 本品适量（约 "&E7&"mg"&" ）"，""）&IF（C3=2，" 本品（"&E7&"ml"&" ）"，""）&IF（C3=1，" 本品细粉适量（约相当于待测成分 "&E7&"mg"&" ）"，""）&IF（C3=4，" 本品适量（约相当于待测成分 "&E7&"mg"&" ）"，""）&"，置 "&F7&"ml 量瓶中，用溶剂 "&IF（OR（C3=1，C3=4），" 溶解并稀释至刻度，摇匀，滤过，取续滤液；"，"（溶解并）稀释至刻度，摇匀；"）&IF（E8=""，""，" 精密量取 "&E8&"ml，"）&IF（F8=""，""，" 置 "&F8&"ml 量瓶中，用溶剂稀释至刻度，摇匀；"）&IF（E9=""，""，" 精密量取 "&E9&"ml，"）&IF（F9=""，""，" 置 "&F9&"ml 量瓶中，用溶剂稀释至刻度，摇匀；"）&IF(F7=""，""，" 浓度约相当于 "&IF(C3=2，C4*1000*E7/F7*IF(E8=""，1，E8/IF(F8=""，1，F8/IF（E9=""，1，E9/IF（F9=""，1，F9)))），1000*E7/F7*IF（E8=""，1，E8/IF（F8=""，1，F8/IF（E9=""，1，E9/IF（F9=""，1，F9)))))）&"μg/ml。"）），函数代码与前文介绍的内容基本一致。

I15 单元格为供试品稀释倍数的计算，函数代码为：=IF（E7=""，""，IF（F7=""，1，F7）/IF（E8=""，1，E8）*IF（F8=""，1，F8）/IF（E9=""，1，E9）*IF（F9=""，1，F9））。

（2）实验页　该模板的"实验页"与前文所述的高效液相色谱法鉴别基本一致，不同之处是将供试品、对照品等直接参与计算的取样量移至"结果页"中，增加了"其他称量"与"其他图谱"的数据源绑定单元格，用于承载系统适用性等内容中不可预期的称量与图谱。

由于有关物质大多需要报送多组分结果，需要在"结果页"详细列出，因此"实验页"相关单元格均注明"见结果页"。

（3）结果页

①"共用数据"区：E4 单元格为平均重（装）量取样来源 / 过程的语句，函数代码为：=IF（OR（辅助录入页 !C3=3，AND（辅助录入页 !H11=1，S4=1）），" 取本品适量，依法操作 "，IF（辅助录入页 !C11=""，" 取重（装）量差异项下细粉 "，" 取本品 "& 辅助录入页 !C11& 辅助录入页 !D11&"，精密称定，研细 "））。

制剂取样需要描述取样数量与处理过程，原料仅需描述"取本品适量即可"，因此取样来源与过程的描述需要首先得知样品是否为原料药。本例中有两处能判断是否为原料药：一是当"辅助录入页"C3 样品性质单元格输入数值为 3 时，代表样品为原料；二是"辅助录入页"H11 平均重量单元格与 S4 平均重量单元格同时为数值 1 时，代表样品为原料药。因此该函数代码最外层 IF 函数根据这个原理实现原料药的判断，是则返回"取本品适量，依法操作"，否则运行内层 IF 函数。

内层 IF 函数用于判断样品来源是"重（装）量差异项下细粉"还是单独取样。其原理是通过判断"辅助录入页"C11 取样数量单元格是否选择数据来确定取样来源。当"辅助录入页"C11 取样数量单元格选择了取样数量，则代表单独取样，返回详细的取样与操作语句，反之则代表检验员在平均重量单元格中手动输入了重（装）量项下的平均重（装）量数据。

O4 总重与 S4 平均单元格三维引用"辅助录入页"对应单元格即可。

Q5 对照品单位单元格函数代码为：=IF（OR（H12=""，H12="/"），"mg"，IF（（LEN（H12）–FIND（"."，H12））> 2，"g"，"mg"））。

W4 重（装）量平均值与 Q5 对照品单位单元格可设为自动获取称量单位，平均重（装）量与对照品称量不涉及体积单位，因此函数代码分别为：=IF（S4=1，"/"，IF（（LEN（S4）–FIND（"."，S4））> 2，"g"，"mg"）） 与 =IF（OR（H12=""，H12="/"），"mg"，IF（（LEN（H12）–FIND（"."，H12））> 2，"g"，"mg"））。

W5 供试品单位可能涉及取溶液制剂，因此需要根据"辅助录入页"C3 样品性质单元格是否填写了代码 2 来判断是否为溶液剂，函数代码为：=IF（OR（L12=""，L12="/"），"/"，IF（辅助录入页 !C3=2，"ml"，IF（（LEN（L12）–FIND（"."，L12））> 2，"g"，"mg"）））。

E5 单元格为样品水分值，三维引用"辅助录入页"对应单元格，也可在该页面中填写。样品水分属于各组分均可共用的数据，因此放在"共用数据"区。

E6 单元格为计算公式的分子，函数代码为：="A 供 ×W 对 × 其他系数 × 对照品纯度 "&IF（S4=1，""，"×W 平 "），其中"A 供 ×W 对 × 其他系数 × 对照品纯度"为固定显示，"×W 平"则遇到平均值不为 1 时判断为需要将平均重量代入计算并显示，做到了检验人员无需修改。

E7 单元格为计算公式的分母，函数代码为：="A 对 ×W 供 "&IF（E5="/"，""，"×（1– 水分）"），同理根据样品水分单元格是否填写数值来显示水分的折算。

T8 单元格为自身对照法稀释倍数计算单元格，函数代码为：=IF（辅助录入页 !I7=""，"/"，IF（辅助录入页 !H7=""，1，辅助录入页 !H7）/IF（辅助录入页 !I7=""，1，辅助录入页 !I7)*IF（辅助录入页 !H8=""，1，辅助录入页 !H8)/IF（辅助录入页 !I8=""，1，辅助录入页 !I8)*IF（辅助录入页 !H9=""，1，辅助录入页 !H9）/IF（辅助录入页 !I9=""，1，辅助录入页 !I9）*100)，其实现原理与"辅助录入页"对照品与供试品稀释倍数单元格一致，但自身对照法一般仅用一种自身对照溶液，因此该数值可放在"结果页"的"共用数据"区对应位置。

②"独立数据"结果表格区：结果表采用横向展示方式，每行承载一个组分的数据与结果。初始的结果表分为 2 行 13 列。第一行为标题行，均为固定的文字标题；第二行为数据行，涉及多组分时复制粘贴数据行即可添加组分。13 列分别有："标准规定文字"，填写标准规定中的文字部分，可预置高频词"不得过"以减少手动输入量；"限度"，填写限度中的纯数字，文字与限度数值分开设置的目的是方便自动化判定结果；"方法"，设置组合框下拉表预置"外标法"与"自身对照法"；"纯度"，用于填写小数形式的对照品纯度数值；"W 对"，引用对照品称量数据源中的数值；"A 对"，引用对照品图谱数据源中的数值，一般为峰面积；"W/V 供"，引用供试品称量数据源中的数值或手动填写液体供试品取样体积；"A 供"，引用供试品图谱数据源中的数值，一般为峰面积；"稀释倍数"，引用"辅助录入页"自动计算得到的综合稀释倍数，当部分组分稀释倍数不同时，可手动填写；"系数"，用于填写分子量折算、响应因子等各种不可预见的低频次计算因子的乘积；"结果"，为根据相关数据计算的结果，含有大量函数代码，需要锁定受控；"修约"，对结果单元格进行修约；"结论"，根据结果输入结论。

称样量与峰面积单元格均三维引用"报告合成页"中的预置对应表，通过预置对应表获取多组分反存表中的数据源来关联对应数据。H12 对照品称样量单元格函数代码为：=IF（报告合成页 !I3=""，""，报告合成页 !I3），后续 J12、L12 与 N12 单元格均同法设置。

P12 稀释倍数单元格函数代码为：=IF（E12=" 自身对照 "，IF（OR（\$T\$8=""，\$T\$8="/"），""，\$T\$8），IF（辅助录入页 !\$I\$12=""，""，辅助录入页 !\$I\$12）），通过 E12 方法单元格中选择的内容判断引用自身对照法稀释倍数还是三维引用"辅助录入页"中的外标法稀释倍数。

S12 结果单元格函数代码为：=IF（OR（N12=""，N12="/"），""，IF（E12=" 自身对照 "，FIXED（ROUNDDOWN（N12/J12*P12*IF（OR（R12=""，R12="/"），1，R12），报告合成页 !D3），报告合成页 !D3），FIXED（ROUNDDOWN（N12/J12*H12/L12*IF（OR（G12=""，G12="/"），1，G12）*\$S\$4/IF（OR（\$E\$5=""，\$E\$5="/"），1，（100–\$E\$5）/100）*\$O\$6/\$O\$7*IF（OR（P12=""，P12="/"），1，P12）*IF（OR（R12=""，R12="/"），1，R12）*100，报告合成页 !D3），报告合成页 !D3）））。

结果单元格函数代码结构上属于 3 级 IF 函数嵌套。外层 IF 函数用于判断有关物质项必要数据供试品峰面积单元格是否存有数据，无数据则留白；中间层 IF 函数用于判断需要计算哪种方法的结果，当选择自身对照法时运行"是"函数，否则运行"否"函数。

当选择自身对照法时，运行函数片段：FIXED（ROUNDDOWN（N12/J12*P12*IF（OR（R12="", R12="/"）, 1, R12），其中 N12（供试品峰面积）J12（对照品峰面积）*P12（稀释倍数）均为必要数据，相对引用即可；R12（其他系数）为非必要数据，根据实际情况可有可无，因此需要使用第三级 IF 函数判断 R12 单元格是否填有数据。当选择外标法时，运行函数片段：FIXED（ROUNDDOWN（N12/J12*H12/L12*IF（OR（G12="", G12="/"）, 1, G12）*$S$4/IF（OR（$E$5="", $E$5="/"）, 1,（100-$E$5）/100）*$O$6/$O$7*IF（OR（R12="",R12="/"）,1,R12）*100，报告合成页 !D3），报告合成页 !D3）））。与自身对照法片段相比，必要数据增加了 H12（对照品重量）与 L12（供试品重量 / 体积），非必要数据增加了 IF（OR（$E$5="", $E$5="/"）, 1,（100-$E$5）/100）水分折算的函数片段。值得注意的是，"共用数据区"的单元格必须使用绝对引用，否则遇到多组分需要复制粘贴时结果运算将出现错误。

当修约后的数值小于标准规定最小单位时，一般药品检验行业的修约结果应报告小于最小单位。例如标准规定杂质 X 不得过 1.0%，若结果为 0.02% 则应在修约单元格中报告小于 0.1%，但采用 FDA 函数修约后修约结果为 0.0%，不符合原始记录修约要求而导致需要检验员手动输入正确的描述，使该单元格无法受控。为了避免出现这类问题，本指南提供了一种通过函数进行自动化处理的方法，U12 修约单元格函数代码为：=IF（S12="", "", IF（VALUE（FDA（VALUE（S12），报告合成页 !D3-1））=0，" 小于 "&1/IF（（报告合成页 !D3-1）< 1, 1, 10^（报告合成页 !D3-1）），FIXED（FDA（VALUE（S12），报告合成页 !D3-1），报告合成页 !D3-1）））。其中 "报告合成页 !D3" 为该组分结果的小数位数单元格，其原因后文详述。为方便理解，将引用的单元格转换为文字描述并去除数值转换与空白值判断函数后，形成简化函数代码如下：=IF（（FDA 结果数值，结果小数位数 -1）=0，" 小于 "&1/IF（（结果小数位数 -1）< 1, 1, 10^（结果小数位数 -1）），FDA（结果数值，结果小数位数 -1））。

实现修约单元格自动化处理需要两个要素，一是判断结果数值经修约后是否无法达到最小单位，二是如何将无法达到最小单位的修约结果准确显示。第一个要素解决方法比较简单，采用简化的函数片段：IF（FDA 结果数值，结果小数位数 -1）=0，判断为无法达到最小单位，FDA（结果数值，结果小数位数 -1），即按常规修约后的结果为 "0"，则判断为无法达到最小单位，否则返回正常的修约值。第二个要素解决相对复杂，修约值的最小单位与设定的小数位数有关，当结果小数位数设为 2 时，修约值的最小单位为 0.1，当结果小数位数设为 3 时，修约值的最小单位为 0.01，从数理转换角度分析可知，最小单位 =10 的（小数位数 -1）次方分之一，函数表达即为 1/10^（结果小数位数 -1）。但若设置的结果小数位数为 0 时，（结果小数位数 -1）计算结果为 -1，函数 1/10^（结果小数位数 -1）计算结果为 10，显然与实际情况不符。因此采用 IF 函数进行判断并将该函数代码完善为 1/IF（（结果小数位数 -1）< 1, 1, 10^（结

果小数位数 –1）），当遇到小数位数设置为 0 时返回 1。综合两个要素的函数设计，辅以 FIXED 与 VALUE 函数即可完成自动化的修约函数完整语句。

W12 结论单元格函数代码为：=IF（LEFT（U12，1）=" 小 "，" 符合规定 "，IF（U12 > D12，" 不符合规定 "，" 符合规定 "））。当修约值描述为"小于"某值或其数值小于限度值时，结论判为符合规定。因此采用 IF 函数进行判断，当修约值从左至右第一个字符为"小"时或判断其数值小于 D12 限度值单元格数值时，返回"符合规定"，否则返回"不符合规定"。

（4）报告合成页

①预置对应表：预置对应表预置了 20 行组分表格，因此本例的有关物质模板最多能支持 20 个组分，能满足绝大多数有关物质检测的需要。

E3 方法、Q3 标准规定、U3 结果与 W3 结论单元格均三维引用"结果页"对应单元格。

有关物质检验中，经常遇到部分组分标准规定的有效位数与其他组分不同，因此各组分结果的小数位数应支持单独设置。为解决该问题，"报告合成页"D3 小数位数单元格三维绝对引用"结果页"W7 小数位数单元格，即一般情况下小数位数默认"结果页"输入的数值，当需要单独修改时，检验员取消"报告合成页"的隐藏，将对应组分的小数位数手动修改即可。因此"结果页"结果单元格中 ROUNDDOWN 与 FIXED 函数小数位数字段均需引用"报告合成页"小数位数列单元格。

有关物质检查一般仅配制一种自身对照溶液，因此 G3 自身对照峰面积单元格可合并处理，引用 G25 多结果反存表自身对照峰面积单元格即可。

称样量与峰面积均需从数据源中获取，而有关物质属于典型的多组分检查项，其数据源采用多结果反存表的形式承载。在编制 ELN 时，多结果反存表数据行仅需预置一行，当检验员在 LIMS 数据录入界面添加了 N 个组分时，ELN 录入界面对应的多结果反存表将自动向下扩充至 N 行。多结果反存表的自动扩充对其他单元格的影响类似于插入行，这就存在一个问题，多结果反存表之下的相对引用位置将随着多结果反存表的自动扩充而相对移动，导致无法通过相对引用指向扩充后的多结果反存表。以本例"报告合成页"为例：拟在 I3 对照品取样量单元格中输入相对引用"=I25"来取多结果反存表中对照品取样数据源中的数值，该数值可正常引用获取。若复制粘贴至 I4 单元格，相对引用将自动变换为"=I26"，此时指向的是未扩充的多结果反存表下行单元格。在实际检验的结果录入环节，若检验员添加了 2 个组分，此时多结果反存表数据区将扩充至 2 行，而预置对应表 I4 单元格相对引用位置也随多结果反存表的扩充自动变换为"=I27"，因此使用相对引用将无法获取到扩充内容。

为解决该问题，本指南提供了一种由文本字符串指定引用位置的方法，即使用

INDIRECT 与 ROW 函数组合而成的复合函数完成对多结果反存表的引用。INDIRECT 与 ROW 函数的相关说明可参考"常用函数介绍与实例"章节。以 I3 对照品取样量单元格为例，函数代码为：=IF（INDIRECT（"i"&（ROW（K3）+22））="",""，INDIRECT（"i"&（ROW（K3）+22））），去除空白单元格判断语句后的简化形式为 =INDIRECT（"i"&（ROW（K3）+22））。

INDIRECT 函数可简要的理解为读取单元格标准引用样式的文本并返回对应的地址，比如在本例空白单元格中输入 =INDIRECT（"A3"），将返回"不得过"。同时，文本值支持运算，即输入形式改为 =INDIRECT（"A"&3）亦可。本例需引用第 I 列的数据，因此列号直接输入 "i" 即可。行号则可使用 ROW 函数解决，本例中 ROW（K3）为当前单元格的位置，其作用是可以随复制粘贴后的位置返回相对行号。如在 K3 单元格中输入 =ROW（K3），返回 3，复制粘贴该函数至 ROW（K4）后，返回 4。函数代码中 "+22" 的作用是将当前单元格行号位置加上目标单元格行号之差，使引用单元格恰为目标单元格。值得注意的是，ROW 函数引用的单元格可以是多结果反存表数据行以上任意单元格，只要加上相对位置差值即可，但不能为多结果反存表数据行以及下方任何单元格，否则其相对位置依然会因自动扩展而变化。ROW 函数的加入实际上是实现了引用的行号随单元格复制粘贴相对变化。将 ROW 函数改为固定的数值同样能引用到指定位置的单元格，但不支持向下复制粘贴。

其他称量与峰面积单元格同法处理。

②多结果反存表：在设置多结果反存表之前，需要在"ELN 模板管理"界面设置该模板的仪器数据源，添加对应的数据源后勾选"反存动态加载"即可在多结果反存表下拉选项中显示，在此基础上勾选"按分析项加载"可每个组分均加载一次。此概念较为复杂，现举例说明如下：

设某样品需要测定有关物质，检查杂质 A、杂质 B 与杂质 C 的含量，并反存供试品取样与分离度。首先，分离度不参与计算，一般在"实验页"显示，因此无需在多结果反存表中显示，在设置仪器数据源时无需勾选"反存动态加载"；供试品取样涉及计算，需要纳入多结果反存表，因此需要勾选"反存动态加载"；而设置仪器数据源时，无法预知实际检验中需要测定几个组分的杂质，因此供试品峰面积不仅需要勾选"反存动态加载"，还要勾选"按分析项加载"。按此方法设置好后，当检验员在"结果录入页"实际检品有关物质项下添加了杂质 A、杂质 B 与杂质 C 时，数据源中原本"供试品峰面积"将按组分自动扩充为"杂质 A– 供试品峰面积"、"杂质 B– 供试品峰面积"与"杂质 C– 供试品峰面积"3 个供试品峰面积数据源。具体数据源设置可参考下文"数据源"相关内容。

数据源设置完成后，建立并编辑多结果反存表，本例中 G25、I25、K25、M25、O25、Q25、U25 与 W25 单元格分别为：自身对照峰面积、对照品取样量、对照品峰面积、供试品取样量、供试品峰面积、标准规定、结果与结论。其中称样量与峰面积单元格绑定称量与图谱数据源，将仪器、图谱数据传输到 ELN；标准规定、结果与结论单元格绑定对应的数据反存，同时单元格相对引用 ELN 对应数据，将 ELN 中对应数据反存至 LIMS 系统。可见，多结果反存表相当于 ELN 与外部数据进行交换的接口。

3. 数据源　本例中不同类型的数据勾选内容不同，实现的功能也不同。多组分数据源的设置十分重要，务必掌握。具体设置见图 4-44。

	序号	仪器类型	名称	反存动态加载	按分析项加载
☐	1	图谱	对照品峰面积	☑	☑
☐	2	图谱	分离度	☐	☐
☐	3	图谱	供试品峰面积	☑	☑
☐	4	图谱	理论板数	☐	☐
☐	5	图谱	自身对照峰面积	☑	☐
☐	6	天平	对照品取样	☑	☑
☐	7	天平	供试品取样	☑	☐
☐	8	天平	总取样量	☐	☐
☐	9	天平	预置其他称量1	☐	☐
☐	10	天平	预置其他称量2	☐	☐
☐	11	天平	预置其他称量3	☐	☐
☐	12	天平	预置其他称量4	☐	☐
☐	13	天平	预置其他称量5	☐	☐
☐	14	图谱	预置其他数据1	☐	☐
☐	15	图谱	预置其他数据2	☐	☐
☐	16	图谱	预置其他数据3	☐	☐
☐	17	图谱	预置其他数据4	☐	☐
☐	18	图谱	预置其他数据5	☐	☐

图 4-44　有关物质检查数据源设置

（十四）高效液相色谱法含量测定 - 外标法

高效液相色谱法含量测定是药品检验行业使用率较高的一类项目。ELN 的编制与有关物质检查类似，同样需要兼顾多组分，主要不同点是含量测定项需要测定平行样，本例着重介绍平行样计算表格的设计，其余部分可参考本章有关物质检查相关内容。

1. 推荐的版面设计　推荐的版面设计见图 4-45~ 图 4-48。

	A	B	C	D	E	F	G	H	I
2	相关内容		参数	说明					
3	样品性质		3	1为固体制剂、2为液体制剂、3为原料、4为半固体制剂					
4	样品规格			液体制剂填每ml含量，原料不填					
5									
6	对照品	取样量	定容体积	供试品	取样量	定容体积			
7	第1步			第1步					
8									
9									
10							平均保留位数	4	
11	(内容物)平均重量:取		▼		总重		平均	1	g ▼
12	水分含量			%	综合稀释倍数(对照品倍数/供试品倍数)				
13	对照品/供试品浓度最大小数位数		3						
14	对照品处理过程/稀释倍数								
15	供试品处理过程/稀释倍数								
16									
17	备注1		操作步骤可复制到记事本或word文本中，修改后再粘贴至实验页						
18	备注2		取样量与定容体积要配对填写，如果单一个取样量，则要修改浓度为量						

图 4-45 高效液相色谱法含量测定辅助录入页

2. 关键单元格的设置

（1）辅助录入页　辅助录入页的设置与本章紫外 – 可见分光光度法鉴别 ELN 模板完全一致。

（2）实验页　实验页的设置与本章有关物质检查 ELN 模板完全一致。

（3）结果页　"共用数据"区的设置与本章有关物质检查基本一致。

结果表与有关物质的主要区别主要有四点：一是含量测定一个组分由 2 行组成；二是增加了平均值单元格；三是受版面限制，未将限度单元格与标准规定文字分开设置；四是两份对照品称量、图谱数据分别与两份供试品称量、图谱数据与其他共用数据计算得到 4 个结果。除此之外，结果单元格的计算与有关物质基本一致，平均、修约与 RSD 单元格也在前文详述，具体过程不再赘述。

P11 结果单元格函数代码为:=IF(OR(F11="/",F11=""),"",FIXED(ROUNDDOWN (J11/F11*D11/H11*IF（OR（C11=""，C11="/"），1，C11）*$S$4/IF（OR（$E$5=""，$E$5="/"），1，（100-$E$5）/100）*$O$6/$O$7*IF（OR（L11=""，L11="/"），1，L11）*IF（OR（N11=""，N11="/"），1，N11）*100，$W$7），$W$7))。

P12 结果单元格函数代码为:=IF(OR(F11="/",F11=""),"",FIXED(ROUNDDOWN (J11/F12*D12/H11*IF（OR（C11=""，C11="/"），1，C11）*$S$4/IF（OR（$E$5=""，$E$5="/"），1，（100-$E$5）/100）*$O$6/$O$7*IF（OR（L11=""，L11="/"），1，L11）*IF（OR（N11=""，N11="/"），1，N11）*100，$W$7），$W$7))。

实验日期	开始 0			结束 2021-6-10			受控号				
检品编号				检品名称							
检验项目											
仪器信息	仪器名称				仪器型号				仪器编号		
测试条件	色谱柱										
	检测器			▼	流速		1ml/min ▼		柱温		℃
	波长与进样量		与质量标准一致 ▼								
	流动相		与质量标准 (配制方法、组成比例、pH以及洗脱程序等)均一致 ▼								
	溶剂		供试品与对照品稀释用溶剂与质量标准一致 ▼								
对照/标准品(C容液)信息	名称			来源			批号/编号		含量/浓度		
其他称量	1#		2#		3#		4#		5#		
其他数据	6#		7#		8#		9#		10#		
系统适用性试验	无										
	理论板数			分离度			其他				
对照/标准品(C容液)的制备											
供试品(C容液)的制备											
结果	见结果页										
标准规定	见结果页										
结论	见结果页										
备注											

图 4-46 高效液相色谱法含量测定实验页

检品编号				检品名称										
检验项目														
(内容物)平均重量	取本品适量，依法操作			总重	/	平均	1	单位	g					
样品水分	/	单位	%	对照品单位	mg	供试品单位	g							
计算公式	A供×W对×其他系数×对照品纯度			单位换算	1	×	稀释倍数	×	100%	结果单位	%			
	A对×W供			规格	1					小数位数	2			
						结果表								
标准规定	纯度	W对	A对	W供	A供	稀释倍数	其他系数		结果		平均	修约	RSD	
							/				结论		▼	

图 4-47 高效液相色谱法含量测定结果页

R11 结果单元格函数代码为：=IF(OR(F11="/",F11=""),"",FIXED(ROUNDDOWN（J12/F11*D11/H12*IF（OR（C11=""，C11="/"），1，C11）*$S$4/IF（OR（$E$5=""，$E$5="/"），1，（100-$E$5）/100）*$O$6/$O$7*IF（OR（L11=""，L11="/"），1，L11）*IF（OR（N11=""，N11="/"），1，N11）*100，$W$7），$W$7))。

R12 结果单元格函数代码为：=IF(OR(F11="/",F11=""),"",FIXED(ROUNDDOWN（J12/F12*D12/H12*IF（OR（C11=""，C11="/"），1，C11）*$S$4/IF（OR（$E$5=""，$E$5="/"），1，（100-$E$5）/100）*$O$6/$O$7*IF（OR（L11=""，L11="/"），1，L11）*IF（OR（N11=""，N11="/"），1，N11）*100，$W$7），$W$7))。

T 平均值单元格函数代码为：=IF（P11="",""，FIXED（ROUNDDOWN（AVERAGEA

图 4-48　高效液相色谱法含量测定报告合成页

（P11:S12），$W$7，$W$7））。

V 修约单元格函数代码为：=IF（P11="",""，IF（P11="/",""，FIXED（FDA（VALUE（T11），$W$7-1），$W$7-1）））。

X11 RSD 单元格函数代码为：=IF（P11="",""，ROUNDDOWN（STDEVA（P11:S12）/AVERAGEA（P11:S12）*100，2））。

（4）报告合成页　含量测定类模板一般需要支持多组分，其报告合成页引用多结果反存表的设计原理与有关物质一样，通过 INDIRECT 与 ROW 函数组合来实现数据的引用。由于含量测定结果页每个组分由 2 行数据组成，而多结果反存表每个组分仅能占用 1 行，因此需要对引用位置进行转换，导致含量测定类模板的"报告合成页"编制难度较有关物质大。

目前可行的引用位置的转换方式采用数值运算解决，以 D3 对照品第 1 份称量单元格为例，函数代码为：=IF（INDIRECT（"D"&（25+ROW（D2）/2））="", ""，INDIRECT（"D"&（25+ROW（D2）/2）））。其中 ROW 函数可引用行号能被 2 整除的任意单元格，本例引用的 D2 单元格，其作用是使两行移动的相对引用位置被 2 整除而折算成单行移动。例如当 D3 单元格复制到下个组分的 D5 单元格时，ROW 函数引用单元格行号由 2 相对变换为 4，被 2 整除后等于 2，相当于行号较复制前增加了 1。函数片段（25+ROW（D2）/2）是引用单元格与目标单元格行号之差，差值由双行转换后的数值加上固定值 25 得到。

预置对应表第一个组分中其他单元格实现方式与上例基本一致，但需要注意列号的引用位置需要进行对应的修改，其他单元格函数代码如下。

D4 对照品第 2 份称量值单元格：=IF（INDIRECT（"f"&（25+ROW（D2）/2））=""，""，INDIRECT（"f"&（25+ROW（D2）/2）））。

F3 对照品第 1 份图谱数据单元格：=IF（INDIRECT（"h"&（25+ROW（F2）/2））=""，""，INDIRECT（"h"&（25+ROW（F2）/2）））。

F4 对照品第 2 份图谱数据单元格：=IF（INDIRECT（"j"&（25+ROW（F2）/2））=""，""，INDIRECT（"j"&（25+ROW（F2）/2）））。

H3 供试品第 1 份称量值单元格：=IF（INDIRECT（"l"&（25+ROW（H2）/2））=""，""，INDIRECT（"l"&（25+ROW（H2）/2）））。

H4 供试品第 2 份称量值单元格：=IF（INDIRECT（"n"&（25+ROW（H2）/2））=""，""，INDIRECT（"n"&（25+ROW（H2）/2）））。

J3 供试品第 1 份图谱数据单元格：=IF（INDIRECT（"p"&（25+ROW（J2）/2））=""，""，INDIRECT（"p"&（25+ROW（J2）/2）））。

J4 供试品第 2 份图谱数据单元格：=IF（INDIRECT（"r"&（25+ROW（J2）/2））=""，""，INDIRECT（"r"&（25+ROW（J2）/2）））。

第一个组分称量与图谱单元格设置好后，向下复制粘贴即可得到其他组分单元格。

预置对应表中其他单元格均相对引用"结果页"对应内容，其中标准规定与结论可设置当遇到引用位置为空时返回"请在 ELN 中填写……"的提示。

多结果反存表中 D26 对照品取样 1、F26 对照品取样 2、H26 对照品峰面积 1、J26 对照品峰面积 2、L26 供试品取样 1、N26 供试品取样 2、P 供试品峰面积 1 与 S 供试品峰面积 2 单元格均绑定对应的数据源。

标准规定、结果与结论单元格需要引用预置对应表中的数据，与上述两行一组分的预置对应表获取一行一组分多结果反存表的数据恰好相反，多结果反存表需要使用类似引用位置的数据处理方式实现相反的引用效果。现提供两种方式供参考如下：

一种方法是通过 ROW 函数返回值与 2 相乘的方式实现，以多组分反存表中的 T26 标准规定单元格为例，函数代码为：=IF（INDIRECT（"L"&（ROW（D2）*2–1））=""，""，INDIRECT（"L"&（ROW（D2）*2–1））），可见其实现的原理与预置对应表类似，只是将除法改为乘法，固定值 25 改为了 –1。

另一种方法是通过设置位置行号的方式进行引用，首先在预置对应表设置行号列，输入每个组分行的首行号。多结果反存表 C26 单元格输入函数代码：=INDIRECT（"C"&（ROW（C1）*2+1）），引用预置对应表中的行号。以 V26 结果单元格为例，函数代码为：=INDIRECT（"V"&C26）& 结果页 !$W$6，即根据行号来引用预置对应表结果列中对应位置的数据。两种方法形式虽有区别，但基本原理一样，通过 INDERCT 函数与 ROW 函数的数值转换达到正确引用的目的。

3.**数据源** 高效液相色谱法含量测定需要考虑多组分因素，因此称量与图谱数据均需勾选"反存动态加载"与"按分析项加载"选项。具体设置见图 4-49。

仪器数据源

	序号	仪器类型	名称	反存动态加载	按分析项加载
☐	1	图谱	对照品峰面积1	☑	☑
☐	2	图谱	对照品峰面积2	☑	☑
☐	3	图谱	分离度	☐	☐
☐	4	图谱	供试品峰面积1	☑	☑
☐	5	图谱	供试品峰面积2	☑	☑
☐	6	图谱	理论板数	☐	☐
☐	7	天平	对照品取样1	☑	☑
☐	8	天平	对照品取样2	☑	☑
☐	9	天平	供试品取样1	☑	☑
☐	10	天平	供试品取样2	☑	☑
☐	11	天平	总取样量	☐	☐
☐	12	天平	预置其他称量1	☐	☐
☐	13	天平	预置其他称量2	☐	☐
☐	14	天平	预置其他称量3	☐	☐
☐	15	天平	预置其他称量4	☐	☐
☐	16	天平	预置其他称量5	☐	☐
☐	17	图谱	预置其他数据1	☐	☐
☐	18	图谱	预置其他数据2	☐	☐
☐	19	图谱	预置其他数据3	☐	☐
☐	20	图谱	预置其他数据4	☐	☐
☐	21	图谱	预置其他数据5	☐	☐

图 4-49 高效液相色谱法含量测定数据源设置

（十五）高效液相色谱法含量测定 - 内标法

高效液相色谱法中的内标法在药品检验行业偶有使用，其计算过程无法套用外标法 ELN 模板，因此需要单独编制。本例高效液相色谱内标法与外标法比较，主要涉及三点不同：一是"实验页"增加了内标溶液储备液的制备栏；二是内标法大多仅涉及单一组分，多组分可采用多检验项合并的方式组合，因此该模板未设计"报告合成页"；三是"结果页"结果表设计与外标法高效液相色谱法含量测定不同。除此之外其余内容基本相同，本例重点介绍不同之处。

1.**推荐的版面设计** 本例无"结果反存页"，具体设计见图 4-50~ 图 4-52。

	A	B	C	D	E	F	G	H	I
1									
2	相关内容		参数				说明		
3	样品性质		3		1为固体制剂、2为液体制剂、3为原料、4为半固体制剂				
4	样品规格				液体制剂填每ml含量，原料不填				
5									
6	对照品	取样量	定容体积	供试品	取样量	定容体积			
7	第1步			第1步					
8									
9									
10							平均小数位数		4
11	(内容物)平均重量：取		▼		总重		平均		1	ε ▼
12	水分含量			%	综合稀释倍数 (对照品倍数/供试品倍数)				
13	对照品/供试品浓度最大小数位数		3						
14	对照品处理过程/稀释倍数								
15	供试品处理过程/稀释倍数								
16									
17	备注1		操作步骤可复制到记事本或Word文本中，修改后再粘贴至实验页						
18	备注2		取样量与定容体积要配对填写，如果单一个取样量，则要修改浓度为量						

图 4-50　高效液相色谱法含量测定（内标法）辅助录入页

	A	B	C	D	E	F	G	H	I	J	K	L
1												
2	实验日期		开始 0			结束 2021-6-15			受控号			
3	检品编号				检品名称							
4	检验项目											
5	仪器信息		仪器名称				仪器型号			仪器编号		
6												
7	测试条件		色谱柱									
8			检测器			▼	流速		▼	柱温		℃
9			波长与进样量									▼
10			流动相									▼
11			溶剂									▼
12	对照/标准品(溶液)信息		名称				来源		批号/编号		含量/浓度	
13												
14	其他称量		1#		2#		3#		4#		5#	
15	其他图谱		6#		7#		8#		9#		10#	
16	系统适用性试验		无									
17			理论板数			分离度			其他			
18	内标溶液储备液的制备											
19	对照/标准品(溶液)的制备											
20	供试品(溶液)的制备											
21	结果					%						
22	标准规定											
23	结论											▼
24	备注											

图 4-51　高效液相色谱法含量测定（内标法）实验页

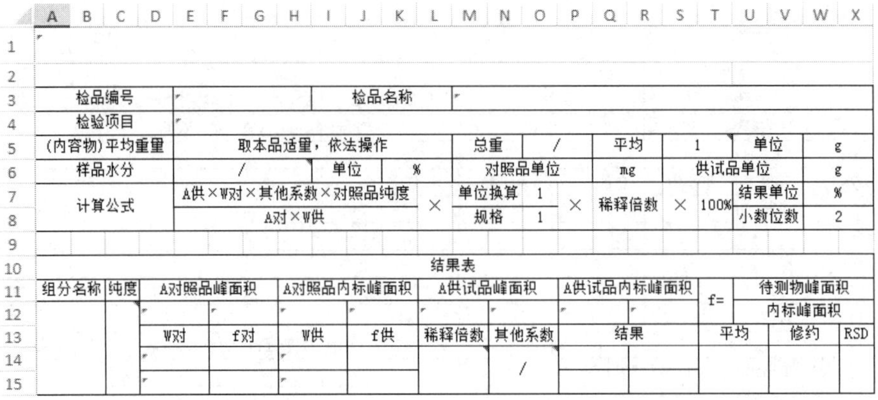

图 4-52　高效液相色谱法含量测定（内标法）结果页

2. 关键单元格的设置

（1）实验页　在第 18 行插入了内标溶液储备液的制备栏，内标物质的称量可在其他称量中体现，具体的制备过程一般比较简单，因此设计为由检验员手动输入即可。

由于绝大多数高效液相色谱内标法仅涉及单一目标待测组分，因此结果、标准规定与结论的反存在"实验页"输入。

（2）结果页　高效液相色谱内标法相对外标法增加了对照品溶液与供试品溶液中的内标物质峰面积，增加了 f 值的计算，其中 f 值为待测物峰面积与内标峰面积之比。分别将对照品与供试品溶液的 f 值代替外标法对照品与供试品溶液的峰面积，按外标法相同的方式计算结果即可。

F14 第一份对照品 f 值单元格函数代码为：=IF（OR（D12=""，D12="/"），""，D12/H12），其余 f 值计算单元格以此类推。

P14 结果单元格函数代码为：=IF(OR(F14="/"，F14="")，""，FIXED(ROUNDDOWN（J14/F14*D14/H14*IF（OR（C12=""，C12="/"），1，C12）*\$S\$5/IF（OR（\$E\$6=""，\$E\$6="/"），1，（100-\$E\$6）/100）*\$O\$7/\$O\$8*IF（OR（L14=""，L14="/"），1，L14）*IF（OR（N14=""，N14="/"），1，N14）*100，\$W\$8），\$W\$8))，其计算过程与外标法一致，仅用 f 值代替了对应的峰面积。其余结果计算单元格以此类推。

3. 数据源　本例数据源增加了对照品与供试品溶液内标峰面积，均未勾选"反存动态加载"与"按分析项加载"。具体设置见图 4-53。

（十六）高效液相色谱法含量测定 – 标准曲线法

该方法与内标法类似，在药品检验行业偶有使用，但无法套用高效液相色谱外标法 ELN 模板，因此需要单独编制。本例标准曲线法与外标法比较，主要涉及四点不同：一是新增了"标准曲线页"；二是标准曲线法大多仅涉及单一组分，多组分可采用多检验项合并的方式组合，因此该模板未设计"报告合成页"；三是"结果页"

仪器数据源

	序号	仪器类型	名称	反存动态加载	按分析项加载
☐	0	图谱	对照品峰面积1	☐	☐
☐	0	图谱	对照品峰面积2	☐	☐
☐	0	图谱	对照品内标峰面积1	☐	☐
☐	0	图谱	对照品内标峰面积2	☐	☐
☐	0	图谱	分离度	☐	☐
☐	0	图谱	供试品峰面积1	☐	☐
☐	0	图谱	供试品峰面积2	☐	☐
☐	0	图谱	供试品内标峰面积1	☐	☐
☐	0	图谱	供试品内标峰面积2	☐	☐
☐	0	图谱	理论板数	☐	☐
☐	0	天平	对照品取样1	☐	☐
☐	0	天平	对照品取样2	☐	☐
☐	0	天平	供试品取样1	☐	☐
☐	0	天平	供试品取样2	☐	☐
☐	0	天平	总取样量	☐	☐
☐	1	天平	其他称量1	☐	☐
☐	2	天平	其他称量2	☐	☐
☐	3	天平	其他称量3	☐	☐
☐	4	天平	其他称量4	☐	☐
☐	5	天平	其他称量5	☐	☐
☐	6	图谱	其他图谱1	☐	☐
☐	7	图谱	其他图谱2	☐	☐
☐	8	图谱	其他图谱3	☐	☐
☐	9	图谱	其他图谱4	☐	☐
☐	10	图谱	其他图谱5	☐	☐

图 4-53 高效液相色谱法含量测定（内标法）数据源设置

结果表设计与外标法高效液相色谱法含量测定不同；四是"辅助录入页"无需计算对照品稀释倍数，在对应单元格中填写数值"1"即可。除此之外其余内容基本相同，本例重点介绍不同之处。

1. 推荐的版面设计　见图 4-54~ 图 4-57。

2. 关键单元格的设置

（1）标准曲线页　标准曲线法计算一般需要使用对照品配置一系列标准溶液，根据对照品溶液浓度与峰面积绘制标准曲线，得到标准曲线公式，根据斜率与截距计算得到供试品含量。"标准曲线页"分为两个部分，一是标准曲线表格，二是标准曲线绘图与参数表格。该页面一般无需隐藏。

标准曲线表格分为 4 行：第一行设有对照品取样与对照品纯度单元格，其中对照品取样单元格绑定对照品称量数据源，D2 对照品单位单元格函数代码为：=IF（OR（C2=""，C2="/"），"mg"，IF（（LEN（C2）–FIND（"."，C2））＞2，"g"，

	A	B	C	D	E	F	G	H	I
1									
2	相关内容		参数		说明				
3	样品性质		3		1为固体制剂、2为液体制剂、3为原料、4为半固体制剂				
4	样品规格				液体制剂填每ml含量，原料不填				
5									
6	对照品	取样量	定容体积	供试品	取样量	定容体积			
7	第1步			第1步					
8									
9									
10							平均小数位数	4	
11	(内容物)平均重量：取		▼		总重		平均	1	g ▼
12	水分含量		%		综合稀释倍数 (对照品倍数/供试品倍数)				
13	对照品/供试品浓度最大小数位数		3						
14	对照品处理过程/稀释倍数								1
15	供试品处理过程/稀释倍数								
16									
17	备注1		操作步骤可复制到记事本或word文本中，修改后再粘贴至实验页						
18	备注2		取样量与定容体积要配对填写，如果单一个取样量，则要修改浓度为量						

图 4-54　高效液相色谱法含量测定（标准曲线法）辅助录入页

	A	B	C	D	E	F	G	H	I	J	K	L
1												
2	实验日期		开始 0			结束 2021-6-25			受控号			
3	检品编号					检品名称						
4	检验项目											
5	仪器信息		仪器名称				仪器型号			仪器编号		
6												
7	测试条件		色谱柱									
8			检测器		▼		流速		▼	柱温	℃	
9			波长与进样量									▼
10			流动相									▼
11			溶剂									▼
12	对照/标准品 (C溶液) 信息		名称			来源			批号/编号		含量/浓度	
13												
14	其他称量		1#		2#		3#		4#		5#	
15	其他图谱		6#		7#		8#		9#		10#	
16	系统适用性试验	无										
17			理论板数			分离度			其他			
18	对照/标准品 (C溶液) 的制备											
19	供试品 (C溶液) 的制备											
20	结果					%						
21	标准规定											
22	结论											
23	备注											

图 4-55　高效液相色谱法含量测定（标准曲线法）实验页

"mg"））；第二行为稀释倍数，由于稀释倍数逐级递增且计算简单，因此设为手动输入；第三行为标准曲线溶液浓度，B4 浓度单元格函数代码为：=IF（B3=""，""，ROUNDDOWN（$C2*IF（OR（$G2=""，$G2="/"），1，$G2）/B3*1000，$C6）），即对照品取样量与纯度的乘积除以稀释倍数；第四行为峰面积，均绑定对应数据源即可。

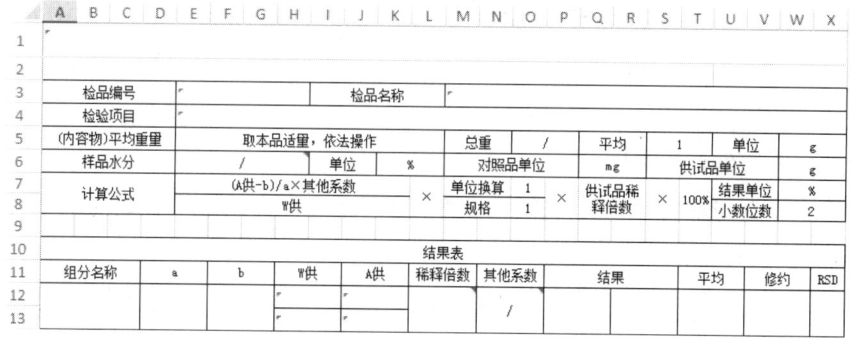

图 4-56　高效液相色谱法含量测定（标准曲线法）结果页

图 4-57　高效液相色谱法含量测定（标准曲线法）标准曲线页

标准曲线溶液预置了 10 个浓度，编制时可根据实际情况进行增减。

　　笔者在编制本指南时，标准曲线绘图功能暂未开发完成。在未开发完成的阶段建议暂由 Excel 表格工具绘制，得到标准曲线公式，将斜率与截距分别填写至 B22 与 B23 单元格中，供"结果页"引用。值得注意的是，本例中标准曲线公式为 y=ax+b，其中 y 为峰面积，x 为浓度，a 为斜率，b 为截距。当 y 与 x 代表内容互换时，"结果页"中的计算公式应做相应调整。

　　（2）结果页　将供试品峰面积带入标准曲线即可得到供试品溶液浓度。

　　D12 单元格与 F12 单元格分别三维引用"标准曲线页"中的标准曲线斜率与截距。

　　P12 结果单元格函数代码为：=IF（D12=""，""，FIXED（ROUNDDOWN（（J12-F12）

/D12/H12*$S$5/IF(OR($E$6="",$E$6="/"),1,(100–$E$6)/100)*$O$7/$O$8*IF(OR(L12="", L12="/"), 1, L12)*IF(OR(N12="", N12="/"), 1, N12)*100, $W$8), $W$8)), 其中代码片段(J12–F12)/D12 为使用标准曲线参数计算供试品溶液浓度。其余函数代码与外标法类似。

(3)实验页与辅助录入页　由于本例不支持多组分，故结果、标准规定与结论均在“实验页”中显示。

“辅助录入页”除对照品稀释倍数单元格填入数值“1”以外，其余部分与外标法模板一致。

3. 数据源　该模板数据源的差异主要体现在预置了 10 个对照品溶液峰面积，具体设置见图 4–58。

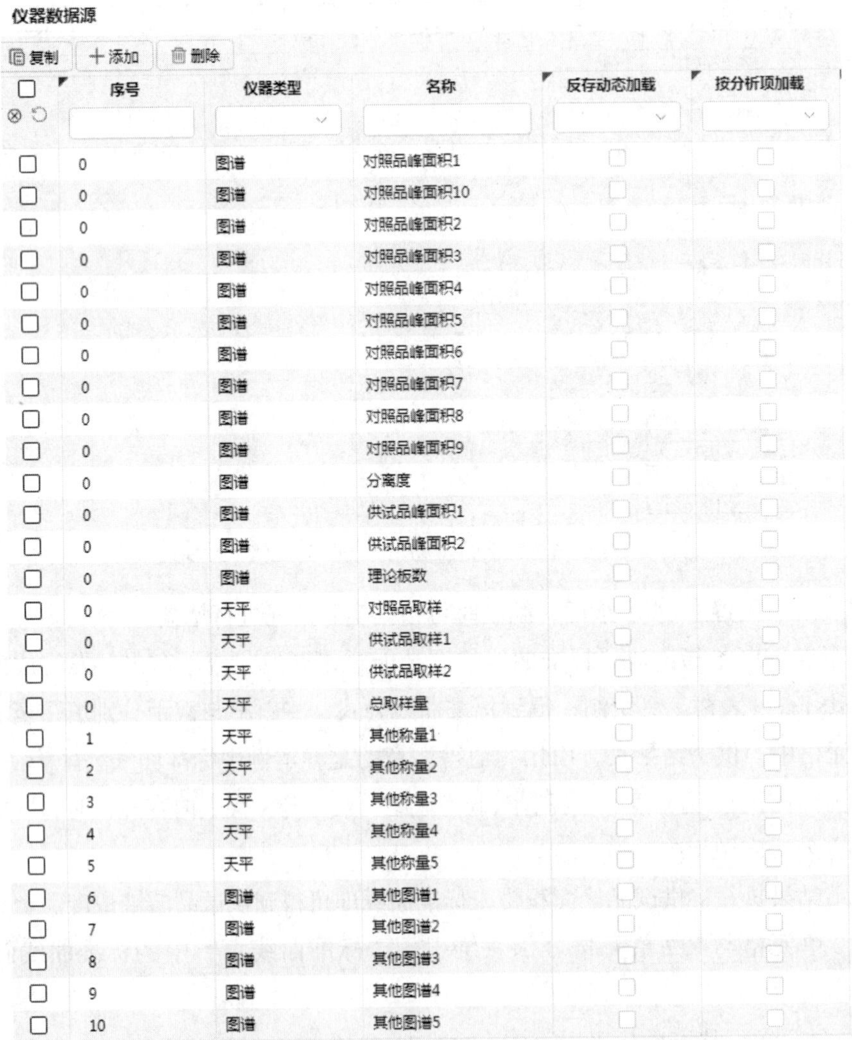
仪器数据源

复制　添加　删除

序号	仪器类型	名称	反存动态加载	按分析项加载
0	图谱	对照品峰面积1		
0	图谱	对照品峰面积10		
0	图谱	对照品峰面积2		
0	图谱	对照品峰面积3		
0	图谱	对照品峰面积4		
0	图谱	对照品峰面积5		
0	图谱	对照品峰面积6		
0	图谱	对照品峰面积7		
0	图谱	对照品峰面积8		
0	图谱	对照品峰面积9		
0	图谱	分离度		
0	图谱	供试品峰面积1		
0	图谱	供试品峰面积2		
0	图谱	理论板数		
0	天平	对照品取样		
0	天平	供试品取样1		
0	天平	供试品取样2		
0	天平	总取样量		
1	天平	其他称量1		
2	天平	其他称量2		
3	天平	其他称量3		
4	天平	其他称量4		
5	天平	其他称量5		
6	图谱	其他图谱1		
7	图谱	其他图谱2		
8	图谱	其他图谱3		
9	图谱	其他图谱4		
10	图谱	其他图谱5		

图 4–58　高效液相色谱法含量测定(标准曲线法)数据源设置

（十七）紫外 - 可见分光光度法含量测定

很多测定方法类似的检验项目可以类似项目的 ELN 模板为基础进行编制。以紫外 - 可见分光光度法与高效液相色谱法的外标法含量测定为例，虽两种方法在基本原理、仪器设置、具体操作等方面有着本质的区别，但两种方法均以供试品与对照品通过仪器测得的信号值按外标法计算，其计算过程基本一致，因此 ELN 模板大部分内容相同，可以导入已建立的模板再进行针对性的修改即可。除此之外，可使用高效液相色谱法的外标法含量测定作为基础的类似方法有气相色谱法、质谱法、原子吸收法等。

紫外 - 可见分光光度法专属性较低，绝大多数情况下仅涉及一种组分，因此该模板无需设计"报告合成页"。

1. 推荐的版面设计　"辅助录入页"与高效液相色谱法完全一致，此处从略。其余页面设计见图 4-59 与图 4-60。

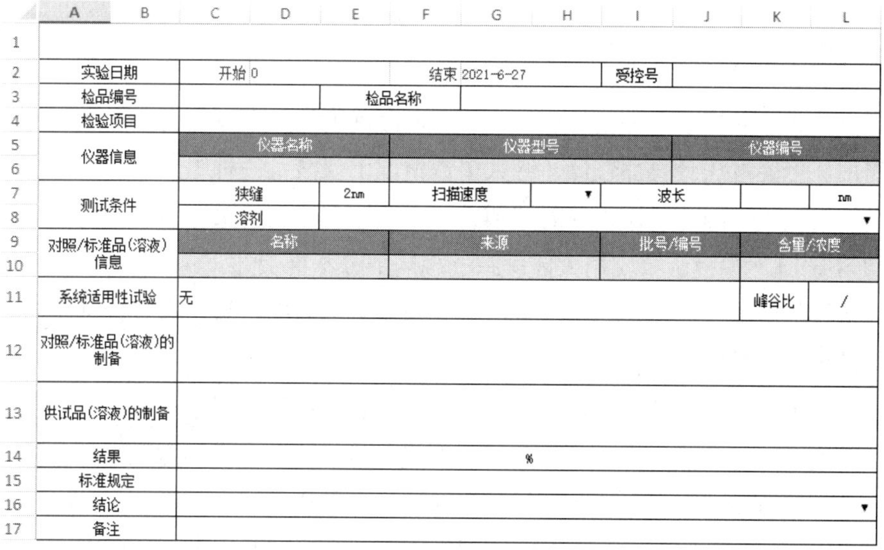

图 4-59　紫外 - 可见分光光度法含量测定实验页

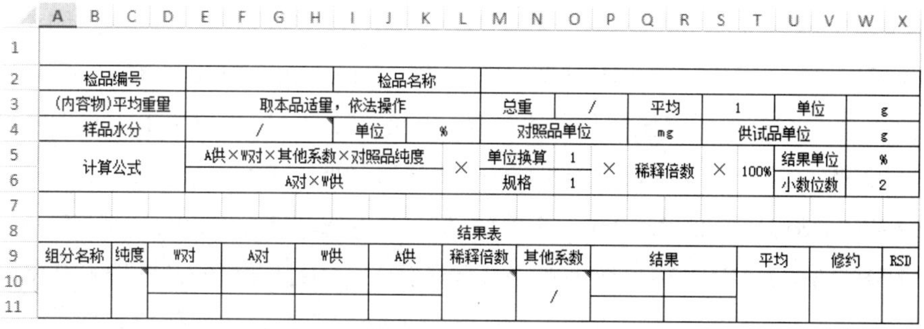

图 4-60　紫外 - 可见分光光度法含量测定结果页

2. 关键单元格的设置　主要单元格的设置与高效液相色谱法基本一致，此处从略。

3. **数据源** 紫外 – 可见分光光度法数据源相对简单，具体设置见图 4-61。

仪器数据源

	序号	仪器类型	名称	反存动态加载	按分析项加载
☐	0	图谱	对照品吸收度1	☐	☐
☐	0	图谱	对照品吸收度2	☐	☐
☐	0	图谱	供试品吸收度1	☐	☐
☐	0	图谱	供试品吸收度2	☐	☐
☐	0	天平	对照品称样1	☐	☐
☐	0	天平	对照品称样2	☐	☐
☐	0	天平	供试品称样1	☐	☐
☐	0	天平	供试品称样2	☐	☐
☐	0	天平	总取样量	☐	☐

图 4-61　紫外 – 可见分光光度法含量测定数据源设置

（十八）容量法含量测定

容量法为药品检验中常用的项目，该方法准确度高，在原料药含量测定中具有重要的作用。但容量法专属性较低，绝大多数情况下仅涉及一种组分，且需要提供的实验信息相对较少，因此该模板仅需"辅助录入页"与"实验页"即可。本例与容量法含量均匀度 ELN 模板函数应用大体一致，相同部分不再赘述。

1. **推荐的版面设计** 辅助录入页与容量法含量均匀度一致，实验页见图 4-62。

2. **关键单元格的设置**

（1）辅助录入页　该页的设置与前文容量法含量均匀度完全一致。

（2）实验页　除该页中的结果表版面形式与容量法含量均匀度不同外，其余内容基本一致。为方便读者参考，将结果计算单元格函数代码展示如下：

I21 第一份结果单元格函数代码为:=IF（D21="", "", FIXED（ROUNDDOWN（IF（OR（F21="", F21="/"），IF（OR（E21="", E21="/"），D21，D21–E21），F21–D21）*$E$9*$I$16*$J$15/C21/IF（OR（$C$16="", $C$16="/"），1，（100–$C$16）/100）*$H$17/$H$18*G21*IF（OR（H21="", H21="/"），1，H21）*100，$L$19），$L$19））。

I22 第二份结果单元格函数代码为:=IF（D22="", "", FIXED（ROUNDDOWN（IF（OR（F22="", F22="/"），IF（OR（E21="", E21="/"），D22，D22–E21），F22–D22）*$E$9*$I$16*$J$15/C22/IF（OR（$C$16="", $C$16="/"），1，（100–$C$16）/100）*$H$17/$H$18*G21*IF（OR（H21="", H21="/"），1，H21）*100，$L$19），$L$19））。

3. **数据源**　除支持串口协议的电位法或普通滴定仪需要仪器数据源外，手动滴定的容量法无需添加仪器数据源，添加称量数据源即可，见图 4-63。

实验日期	开始 0			结束 2021-7-6			受控号				
检品编号				检品名称							
检验项目											
仪器信息	仪器名称			仪器型号				仪器编号			
环境信息（非水滴定时记录）	仪器编号		开始时间		结束时间		平均湿度(%)		平均温度(℃)		
测试条件	滴定度			mg/ml	指示剂			▼		g	▼
	终点颜色/现象				稀释用溶剂			与质量标准一致		▼	
	电极							滴定管编号			
滴定液信息	名称			来源			批号/编号		含量/浓度		
供试品(C容液)的制备											
(内容物)平均重量		/			总重	/	平均	1	单位	g	▼
供试品水分%	/	C滴定液		C名义值		f(滴定液)		f=滴定液浓度/滴定液名义值			
计算公式	$\dfrac{V供×T×f滴定液×100\%}{W供}$			×	单位换算 1 / 规格 1		×	稀释倍数	×	其他系数	
单位	取样量	g ▼	滴定体积	ml	结果单位	% ▼	滴定液	mol/L	小数位数	2	
结果表	取样量	V滴定体积	V0空白	V0返滴法	稀释倍数	其他系数	结果	平均	修约	RSD%	
					1						
标准规定											
结论											▼
备注	非水滴定应记录相对偏差，相对偏差(RD%)=[（平均值－测定值）/平均值]×100%。原料药用高氯酸直接滴定者，相对偏差不得过0.2%；用碱滴定液直接滴定者不得过0.3%；制剂不得过0.5%，操作繁杂者不得过1.0%。										
高氯酸VS浓度折算(10℃以上重新标定)	标定温度(t0，℃)		/	折算公式	NO		滴定液原始浓度(N0，mol/L)			/	
	滴定温度(t1，℃)		/	N1=	1+0.0011×(t1-t0)		滴定液折算浓度(N1，mol/L)			/	

图 4-62　容量法含量测定实验页

图 4-63　容量法含量测定数据源设置

　　药品检验行业中几类典型的 ELN 设计方案基本介绍完毕。受篇幅所限，笔者仅列举了具有代表性或涉及复杂计算的化学药品 ELN 模板。其他诸如红外光谱法、装量等简单模板可参照上述内容进行设计；部分类似方法如气相色谱法、原子吸收分光光度法含量测定可分别参考高效液相色谱法含量测定与紫外 – 可见分光光度法含量测定；部分检查项如高效液相色谱法、气相色谱法与容量法检查可使用对应含量测定方法为模板，通过删除平行样来完成编制；其他二级学科模板如中药、生物制品与微生物检查等模板也可参考上述模式进行设计；化妆品类 ELN 模板虽内容可能与药品类模板有一定差异，但编制方法与函数应用是相同的，可根据实际需求参考药品类模板进行设计，应尽量使各类模板风格保持一致。

编者建议各药品检验机构在编制 ELN 模板的前期应制定好编制原则、搭好框架并将具体格式进行统一，以提高后期的编制效率以及 ELN 模板的规范性、准确性与统一性，并降低录入人员培训工作量，使各类模板在应用过程中上手快，录入准确。

三、ELN 的验证与受控

ELN 的受控指将 ELN 中关键单元格锁定，经各环节人员审核并颁发受控号的过程。ELN 的验证指有目的地使用相对完整的同一份实验数据分别录入现有成熟可行的原始记录系统与建立的 ELN 电子原始记录，比对并审核新系统在完整性、规范性与准确性方面是否与现有系统存在差异的过程。

（一）ELN 关键单元格的锁定

ELN 与纸质版原始记录最大的不同是自动化、智能化程度高，含有大量函数代码，虽在结果计算方面节省了大量手动计算与公式编辑的工作量，但复核与审核环节无法对计算过程进行核对，同时对于不熟悉函数编制的人员来说，核对计算过程更加困难。因此，ELN 在编制时必须充分考虑兼容性，正式启用前必须经过细致的核对，并且将含有函数代码的单元格进行锁定才能做到使用过程的准确无误。

1. 需要锁定的单元格　需要锁定的单元格主要指对原始记录真实性、准确性有直接影响的单元格。以必须锁定的单元格有：①绑定了数据源的单元格；②直接引用绑定数据源的单元格；③含有函数代码、对结果有影响，且数据获取过程不能被直接核对的单元格。不宜锁定的单元格有：①含有下拉表的单元格；②需要手动输入数据或文字的单元格；③最终上报的结果、结论等可以明显被直接核对但可能需要修改的单元格。其余单元格可根据实际情况选择锁定与否。

以高效液相色谱法测定有关物质为例，将单元格是否需要锁定的情况举例说明如下。

必须锁定的单元格：数据源包含了称量、图谱、仪器与对照品等原始数据，此类数据一概不允许篡改，因此必须锁定。"结果页"中的峰面积、称样量等单元格引用了"报告合成页"中多结果反存表的数据源，存在被篡改的漏洞，此类单元格必须锁定。"结果页"中的结果单元格含有大量函数代码，且返回的数据直接影响到结果准确性，此类单元格必须锁定。

不宜锁定的单元格：不同组分的稀释倍数可能不同，受版面设计所限无法兼顾所有组分均能自动获取稀释倍数，因此该单元格存在修改的可能。同时，稀释倍数核对相对简单，因此该单元格不宜锁定。系数单元格与稀释倍数类似，不宜锁定。修约单元格可能出现"未检出""小于X%"等非数值数据，且根据结果可直观简单的对修约结果进行核对，因此不宜锁定。结论单元格与修约单元格类似，可能出现超出"符合规定"或"不符合规定"的结论，但核对直观简单，因此不宜锁定。

除以上情况，某些特例需要单独设置。以有关物质为例，该项目组分多、杂质的计算方法多样，使得该项目的受控具有较大挑战性。该项目中经常出现"各杂质总和"或"其他杂质总和"，这类组分含量由多个组分相加所得，且这些组合数量与种类不定，无法在 ELN 模板中预置，必须在检验结果录入环节由检验人员手动输入。因此类似于有关物质这类 ELN 模板的"结果页"峰面积单元格不宜锁定。"报告合成页"预置对应表属于直接引用绑定数据源的表格，应全部锁定，而"结果页"中的峰面积单元格属于二次引用，可以根据实际情况手动录入数据，并做好备注以方便校对者核对原始图谱数据。

2. 单元格的锁定方法　在 ELN 编辑界面，点击菜单栏中的"设置"→选中拟锁定单元格→点击"锁定单元格"即可。当需要解除锁定时，选中锁定单元格并点击"撤销单元格锁定"即可。

（二）ELN 的验证与受控

ELN 的验证分为三个步骤：模板编辑人员添加待验证项目→结果录入→提交审核。

1. 添加待验证项目　在 LIMS 首页依次点击"检验管理"→"ELN 验证受控"，进入 ELN 验证受控页面。点击"编辑检测项目"菜单下的"添加项目"，在弹出的对话框中搜索与待验证 ELN 模板相匹配的项目并选中，在"ELN 模板名称"栏中选择拟验证的 ELN 模板即完成了待验证项目的添加。如有多个 ELN 需要验证，可重复上述操作进行添加。在未点击 ELN 录入前，"合成状态栏"显示为"未合成"；ELN 在未验证完毕前受控号为空。以容量法滴定液标定 ELN 模板验证为例，添加完成的项目见图 4-64。

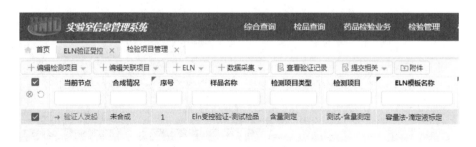

图 4-64　添加待验证项目状态

本例中检验项目选择的是"含量测定"，需根据拟输入的试验内容选择或建立对应的组分。设组分名为"演示 – 无水碳酸钠"，添加该组分的步骤为：在 LIMS 首页点击"检验管理"→点击"检验项目管理"→在"检测项目"栏搜索"含量测定"→选中在验证受控中选择的项目→在"分析项目"标签页中点击"添加"→在弹出的对话框中"分析项目"栏输入"演示 – 无水碳酸钠"→点击"保存"即可。

如果在添加时有其他分析项目，应删除。组分添加完成后的界面见图 4-65。

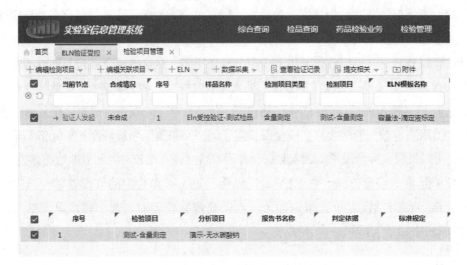

图 4-65　组分添加完成后的状态

2. 结果录入　在 LIMS 平台中，所有的实验数据均通过"结果录入"输入系统。在"ELN 验证受控"页面选中拟录入的项目，点击"ELN"下拉菜单中的"结果录入"，即可打开 ELN 验证结果录入界面。该页面与 ELN 编辑界面类似，但有两处不同：一是界面左侧为 ELN 验证项目栏，当多个项目一并录入时可在该区域选择项目；二是右侧的 ELN 界面菜单中不再显示数据源、单元格锁定等编辑相关功能，增加了初始化模板等录入相关功能。其中，"初始化模板"功能用于重新加载 ELN 模板，手动输入的所有数据将会被删除重置；"刷新数据"功能用于刷新数据源数据，新录入的数据源数据将在刷新数据后显示。界面见图 4-66。

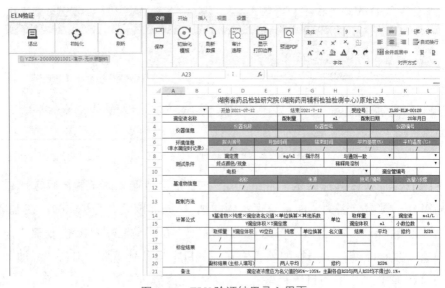

图 4-66　ELN 验证结果录入界面

进入结果录入界面后即可开始录入实验数据。数据的录入分为两个部分：一是非数据源数据，指仪器数据、溶液处理过程等内容，直接在对应单元格中输入数据或信息；二是数据源数据，指仪器信息、环境信息、称量与图谱数据等通过数据源引入的数据，在完成数据源的录入后点击“刷新数据”即可在绑定了对应数据源的单元格中显示。

数据源数据录入步骤为：在“ELN 验证受控”页面点击“数据采集”→选择“天平采集”或“图谱采集”→录入称量数据或图谱数据。值得注意的是，ELN 的验证与实际检验数据录入不同，ELN 验证过程无需进行实际试验操作，因此无需录入仪器信息、环境信息，无需实时获取天平称量数据，相关信息单元格可输入“/”符号或留白；而数据源中的“天平采集”与“图谱采集”可直接手动输入数据。本例在“天平数据采集”界面中的“天平值”栏输入天平采集数据，如图 4-67 所示。

天平数据采集

＋初始化天平数据　删除

	检验项目	天平数据项	天平值
	测试-含量测定	供试品取样1	154.09
	测试-含量测定	供试品取样2	162.14
	测试-含量测定	供试品取样3	148.31

图 4-67　ELN 验证中的天平采集数据输入

输入天平采集数据后，在“结果录入界面”点击“刷新数据”，输入其他数据后即完成录入，点击保存即可。录入完成的界面见图 4-68。

	A	B	C	D	E	F	G	H	I	J	K	L
1	湖南省药品检验研究院(湖南药用辅料检验检测中心)原始记录											
2			开始 2021-07-12			结束 2021-7-12			受控号	JLGS-ELN-00128		
3	滴定液名称		盐酸滴定液(0.1mol/L)			配制量	10000	ml	配制日期		2021年1月9日	
4	仪器信息		仪器名称			仪器型号				仪器编号		
5			/			/				/		
6	环境信息(非水滴定时记录)		探头编号		开始时间		结束时间		平均湿度(%)		平均温度(℃)	
7			/		/		/		/		/	
8	测试条件		滴定度		5.3	mg/ml	指示剂	与通则一致			10	滴
9			终点颜色/现象		绿色变为暗紫色			稀释用溶剂		与通则一致		
10			电极		/					滴定管编号		D0522
11	基准物信息		名称			来源			批号/编号		含量/浓度	
12			/			/			/		/	
13	配制方法		与《中国药典》2015年版四部通则8006一致									
14	计算公式		W基准物×纯度×滴定液名义值×单位换算×其他系数					单位	取样量	g	滴定液	mol/L
15			V滴定体积×T滴定度						滴定体积	ml	小数位数	5
16	标定结果		取样量	V滴定体积	V0空白	纯度	单位换算	名义值	结果	平均	修约	RSD%
17			154.09	28.00					0.10381			
18			162.14	29.43	/	0.9998	/	0.1	0.10392	0.10386	0.1039	0.05
19			148.31	26.94					0.10385			
20			副标结果(主标人填写)		0.10392	两人平均	0.10389	修约	0.1039mol/L	RSD%	0.04	
21	备注		滴定液浓度应为名义值的95%～105%，主副各自RSD与两人RSD均不得过0.1%。									

图 4-68　ELN 验证原始记录

图谱报告、照片等检验相关材料需要作为附件上传至 LIMS。需要采集图谱数据的报告可通过图谱采集程序上传，具体操作本文从略；其他不需采集数据的材料可通过附件功能上传。在"ELN 验证受控"页面选中待验证项目→点击"附件"按钮→在弹出的对话框中点击"上传附件"→点击"添加附件"→选择存于本地计算机的文件即可。

一般情况下，验证人需要同时提供符合现行原始记录体系的纸质版或电子版原始记录，以供后续校对审核环节的人员对比查阅。

3. 提交审核　在"ELN 验证受控"界面点击"提交相关"下拉菜单中的"选择校对人"，在弹出的对话框中选择校对人，点击"确定"后对话框关闭，点击"提交相关"下拉菜单中的"提交"，在弹出的审批意见对话框中输入审批意见并点击"确认"即可。值得注意的是，ELN 验证记录录入完成后务必点击保存，否则无法提交校对。

校对人登录 LIMS 后，点击主页待办任务栏中的"检验方法 ELN 验证受控流程 - 复核"或点击"相关申请（公共）"下拉菜单中的"ELN 验证受控审核"即可进入审核界面。进入"ELN 验证受控审核"页面后，选中待复核项目，分别点击"验证 ELN""查看 PDF"与"附件"可查看对应内容。校对时，应着重与现行版原始记录进行比对，关注原始记录中各类要素是否齐全、格式是否规范、计算结果是否一致等关键内容。根据复核情况，可点击"通过"传递到下一环节或点击"退回"至验证人修改。

校对人提交之后，一般还有科主任、业务部门、业务分管领导、技术负责人与质保部门审核等环节，其审核流程与校对基本相同。

4. 授予受控号　当 ELN 模板经各环节审核无误后，授权的人员可根据受控号规则授予 ELN 受控号，一般授予受控号为最后环节。以笔者单位为例，质量管理部部长负责授予 ELN 受控号，在质量管理部部长账号下点击首页的"相关申请（公共）"下拉菜单，点击"ELN 验证质量管理部审核"。在该页面中，"受控号"栏仅在授权的人员账号下为可编辑状态，根据受控号规则输入编号，点击"通过"即完成 ELN 的验证与受控全部流程。

第五章　原始记录与报告的录入

一、数据库的建立

在 LIMS 正式上线运行之前，需要将实验相关数据库录入完整。仪器设备、标准物质与耗材库属于数据源数据，必须建立完整才能保证实验原始记录的正常录入；检验项目库是开展日常检验检测工作的必要保障。其中仪器设备更新相对较慢，信息复杂程度低，可由系统工程师根据现有台账导入系统；标准物质、耗材与检验项目更新相对较快，尤其是标准物质的购进消耗是实时数据，需要专业人员维护，因此标准物质与耗材库建议由实验室标准物质管理员建立与维护；而检验项目库是每位检验人员必须掌握的工作。

（一）标准物质库的建立

建立标准物质库需要标准物质管理员权限。在管理员账号 LIMS 首页下点击"标物管理"下拉菜单中的"标准物质管理"，即可进入对应界面。

1. 批量添加入库　"标准物质管理"页面下，点击"Excel 模板"并下载，按模板格式将现有台账录入保存，再点击"Excel 导入"即可完成批量导入。

2. 单个添加入库　日常维护多用单个添加入库功能。"标准物质管理"页面下，点击"更多"下拉表中的"新增"，在弹出的对话框中填写相关信息，点击"确定"。这步操作为新添标准品品目。

选中拟入库品目，点击"入库"，填写相关信息，点击"保存"。入库填写对话框见图 5-1。

（二）色谱耗材库的建立

在色谱耗材管理员账号 LIMS 首页下点击"耗材管理"下拉菜单中的"色谱柱管理"，点击"添加"，录入相关信息即可。首次录入色谱信息可委托系统工程师提供 Excel 模板，再进行批量导入处理。

其他如滴定液、标准物质溶液等数据库维护方式类似于 ELN 结果录入与上述数据库录入过程的结合形式，由于各检验单位程序与要求有所不同，具体操作方式可咨询系统工程师。

图 5–1　标准品入库信息对话框界面

（三）检验项目库的建立

首次建库，若现行项目可导出或转换为电子表格形式，可委托系统工程师导入 LIMS。日常维护一般由检验人员手动录入，具体方法为：在首页点击"检验管理"下拉菜单，点击"检验项目管理"，进入界面后点击"添加"，在弹出的对话框中填写项目信息，点击保存。具体内容见图 5–2。

图 5–2　新增检测项目对话框

新增完成后，可根据检验项目获取的检验检测资质勾选对应选项，供检验人员在调用项目时判断能否满足出具报告的要求。通过点击该页面中"启用"或"停用"可赋予使用权限，只有启用状态的项目可在添加项目中被使用。另外，可根据需要输入项目费用与项目分值等数据，以方便开展绩效统计。相关功能见图 5–3。

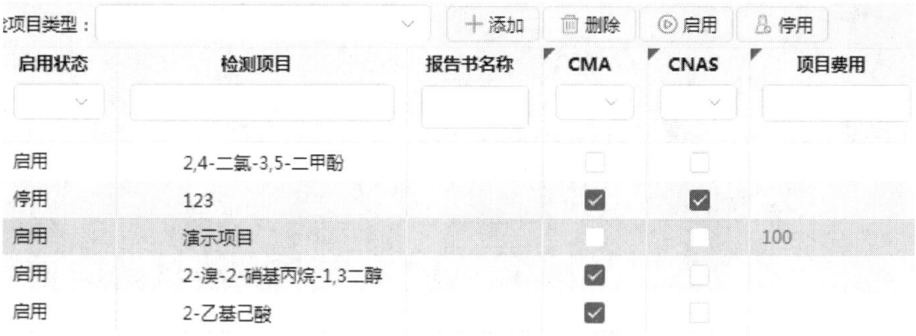

图 5-3 检验项目的设置

二、检验项目的添加

在检验人员收到检品信息前，还需经过检品受理、检品接收与任务指派的流程，相关流程可由 LIMS 工程师根据实际情况进行流程设计与搭建，并非药品检验机构需要重点掌握的部分，且流程搭建完成后操作相对简单。因此本文略过相关环节，从检验员操作环节开始介绍。

（一）编辑检验项目

一般情况下，多次检验的品种将会保存检验项目模板，在业务部门进行受理操作时可套用对应模板，形成完整的检验项目。部分情况下，如首次检验的品种、质量标准变更的品种等需要添加或修改检验项目时，需要检验人员编辑检验项目。

点击主页的"药品检验业务"下拉表，点击"结果录入"即可进入对应界面。在检品信息区选中拟编辑的检品，在检品项目区点击"检验项目"下拉菜单，点击"编辑检验项目"，在弹出的对话框中编辑项目即可。以添加容量法含量测定为例，在对话框上半部分检验项目名称中搜索"含量测定"，选中对应的项目，在对话框下半部分点击"添加项目"即可。选中添加的检验项目，可使用"上移"与"下移"功能排序。添加完成后的编辑检验项目对话框见图 5-4。

部分情况下需要编辑校对人。当手动添加的项目末尾的"校对人"为空，需要添加校对人；或部分项目需要非默认校对人校对，需要修改校对人。选中项目后，点击该页面检品信息区上方的"提交相关"下拉菜单，点击"选择校对人"，在弹出的对话框中选中指定的校对人后点击"确定"即可添加或修改选中项目的校对人。

（二）选择 ELN

点击对应项目"ELN 模板名称"列的空白单元格，在单元格末尾将出现编辑按

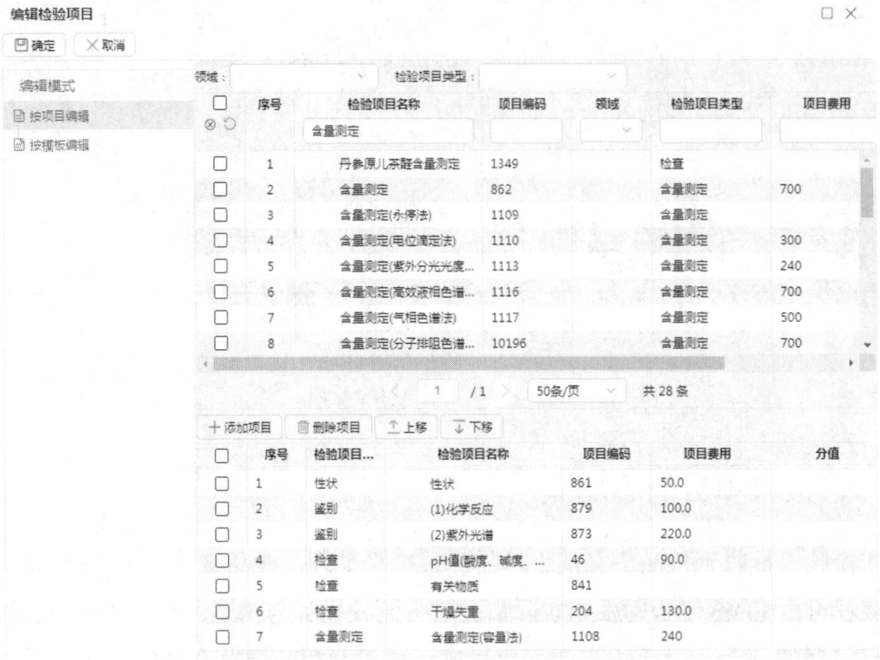

图 5-4　编辑检验项目对话框

钮，点击后弹出"选择检验方法"对话框。在"模板名称"单元格中输入 ELN 名称关键词搜索，选中 ELN 并点击确定即可。

（三）编辑组分

药品质量标准中经常出现多组分情况，尤其是有关物质、中药含量、残留溶剂等项目，经常需要对某项目的组分进行编辑，因此编辑组分的方法必须熟悉掌握。以有关物质项为例，具体操作方法为：点击"检验管理"下拉菜单，点击"检验项目管理"，在检验项目管理页面的检验项目搜索栏内搜索有关物质，选中对应项目后，在页面下半部分将显示该项目预留的所有项目。在分析项目栏搜索组分，若无该组分则需添加。点击"添加"，在弹出的对话框中填写组分名即可。

回到结果录入页面，在检品项目区点击"组分"下拉菜单，点击"添加组分"，在弹出的对话框中搜索并选择对应组分名，点击"确认"。添加组分对话框见图 5-5。

添加完成后，在项目组分区将显示对应的组分。一般来说，药品检验行业对于多组分项目的报告书格式为首行显示项目名称，其他组分项目名称列留白，代表其他组分与首行组分为同一项目，不至于带来冗余感。因此有关物质项第一行组分的"报告书名称"列中输入"有关物质"，其余行留白即可。而标准规定、结果与结论则无需输入任何内容，待 ELN 录入完成后将自动反存对应数据。组分添加完成后的状态见图 5-6。

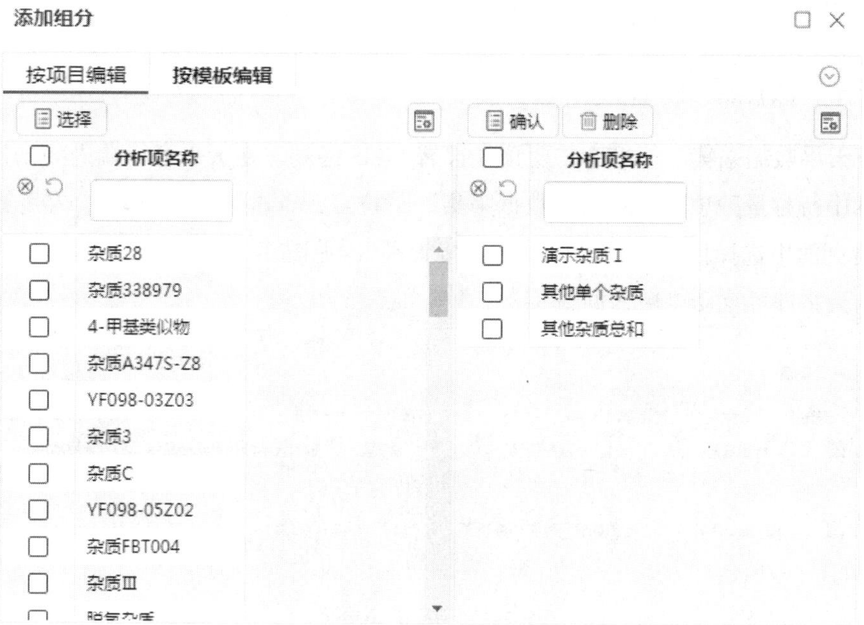

图 5-5　添加组分对话框

图 5-6　添加组分后的部分结果录入界面

三、数据采集与使用记录填写

数据采集系统（SDMS）大致可分为天平数据与仪器图谱/串口数据两类，根据检品中录入的项目与组分在采集界面显示对应的条目；使用记录的填写大致可分为仪器、耗材、标准物质等使用记录。

（一）数据采集

1.天平数据采集 天平旁需要预先部署 LIMS 终端。在天平旁终端内的结果录入界面选中待称量的项目，点击"数据采集"下拉表，点击"天平采集"，在弹出的天平采集页面中选择仪器类型，点击"连接天平"，见图 5-7，在弹出的对话框中选中对应的天平即可自动连接，见图 5-8。

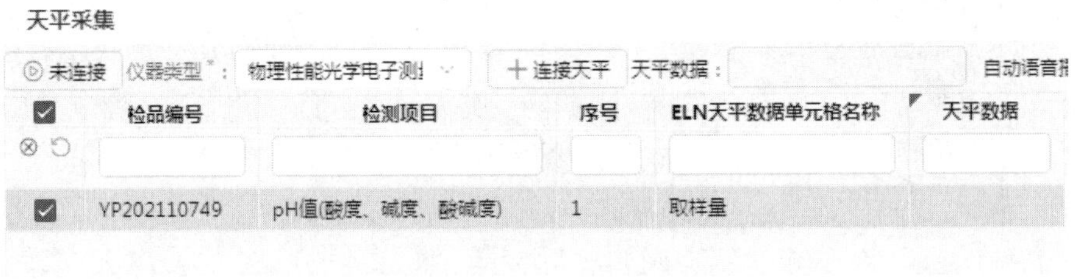

图 5-7 天平采集界面

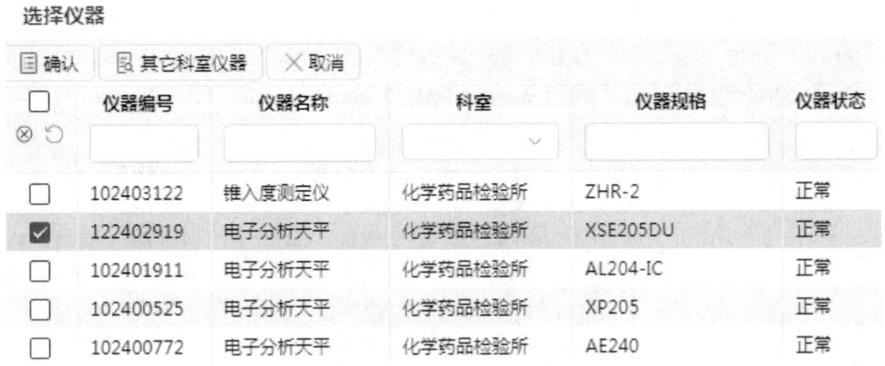

图 5-8 选择仪器对话框

仪器连接完成后，在天平采集界面选中待称量的条目即可开始称量操作。一般为点击天平的打印键输出称量值。若称量操作失误需要再次称量时，选中错误值条目再次点击天平的打印键即覆盖原数据。

2.图谱/串口数据采集 图谱采集主要通过 LIMS 公司提供的 GikamCapture 采集软件对 PDF 格式图谱进行解析得到关键数据后完成采集，该软件可部署在任何连接了 LIMS 的电脑中使用。双击打开该软件，设定采集目录与采集仪器后，将仪器导出的 PDF 图谱放入采集目录中，点击"开始采集"即可。在采集文件框的状态中显示采集状态，绿色"√"代表采集成功，否则为采集失败。采集界面见图 5-9。

采集软件的配置工作由 LIMS 公司完成。但值得注意的是，药品检验机构需要与 LIMS 公司一起商定好图谱匹配规则。图谱匹配可采用两种方式：一是将图谱匹配信息以文件名形式体现；二是将图谱匹配信息固化在 PDF 文件中。经实践，以第一种方式较直观简便，一方面检验人员能方便地根据文件名进行整理，另一方面避免了部分仪器工作站无法自定义编辑图谱基本信息的问题。笔者单位图谱匹配文件名命名规则为：检品编号 – 项目名称 – 图谱名称。其中检品编号与项目名称为固定的识别字段，图谱名称为区分图谱的自定义字段。图谱采集程序在读取该规则下的文件名后，能够将图谱自动上传至该编号检品下对应项目的附件库中，同时进行解析，检验人员能方便准确的查找使用图谱数据。

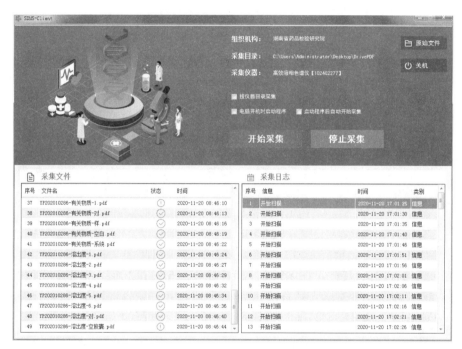

图 5-9 图谱采集软件工作界面

串口采集的配置工作同样由 LIMS 工程师来完成。使用过程中一般类似天平操作，在仪器旁的电脑工作站中连接仪器，点击仪器的打印或测试键即可完成数据的上传。

（二）使用记录填写

1.仪器使用记录填写 在结果录入页面检验项目区选中需填写仪器使用记录的项目，点击"使用记录"下拉表，点击"仪器使用记录"，在弹出的仪器使用记录页面中点击"添加"，在弹出的对话框中搜索并勾选仪器，点击确定后自动返回仪器使用记录界面。当该检验项目涉及多台仪器，可继续添加。选中拟编辑的仪器，点击"开始时间"单元格，右侧将显示日历图标，点击图标并输入日期与时间，点击确定。"结束时间"同法操作。需要记录环境信息的，在"环境监控设备编号"单元格中点击图标并选择监控设备即可。填写完成后，点击"提交"，所选仪器变为不可编辑模式，相关信息不能再修改。如需修改，可删除后重新填写。

2. 标准物质申请与领用记录填写　对于在库标准物质，检验人员需要填写领用申请，管理员进行审批后才能在使用记录填写环节选中对应的对照品。

检验人员申请环节具体操作为：点击"标物管理"下拉菜单，点击"标准物质使用申请"，在该页面下点击"添加"，将弹出申请添加所需对照品对话框，搜索相关对照品，输入申请数量，点击保存，确认无误后需要点击"提交"才能发送申请至管理员审批。操作界面见图 5-10。

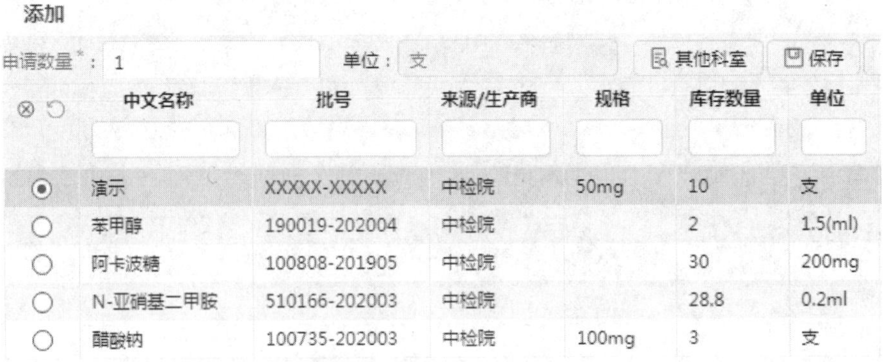

添加

	中文名称	批号	来源/生产商	规格	库存数量	单位
⦿	演示	XXXXX-XXXXX	中检院	50mg	10	支
○	苯甲醇	190019-202004	中检院		2	1.5(ml)
○	阿卡波糖	100808-201905	中检院		30	200mg
○	N-亚硝基二甲胺	510166-202003	中检院		28.8	0.2ml
○	醋酸钠	100735-202003	中检院	100mg	3	支

申请数量*：1　　单位：支　　其他科室　　保存

图 5-10　检验人员申请添加所需对照品对话框

管理员审批环节具体操作为：点击"标物管理"下拉菜单，点击"标准物质使用申请 – 试剂管理员审批"，在该页面下选中待审批的标准物质，根据审批情况点击"审批通过""审批拒绝"或"流程终止"。当审批通过后，检验员即可在标准物质使用记录填写环节选择该标准物质。

检验人员使用环节具体操作为：在结果录入界面检验项目区点击"使用记录"下拉表，点击"标准物质使用记录"，点击"添加"，在弹出的对话框中选中待用标准物质，填写使用数量，点击"确认"即可。在标准物质领用后，其库存量将对应的减少。在使用过程中可以根据实际情况以小数形式填写使用数量，例如某标准物质大致使用了一半，那么使用数量可以填写 0.5，结余数量将由 1 自动同步为 0.5。

除库存标准物质外，LIMS 提供了添加临时标准物质的功能。某些情况下，检验所用的标准物质并非来源于库存，可能是客户提供的工作标准品，也可能是从其他检验机构调用的标准物质，此时可以在标准物质使用记录页面点击"添加外来标准物质"并填写相关信息，但外来标准物质不会在标准物质库中体现。

3. 其他使用记录填写　色谱柱、质控样品、培养基等其他使用记录操作过程与上述内容基本一致。

四、检验项目原始记录的录入与报告合成

在 ELN 模板编制规范、数据源与使用记录录入完整的情况下，检验原始记录仅需填写描述性文字与非数据源数据或编辑一些非锁定单元格的数据。系统可根据原始记录自动合成报告书，得到完整的检品报告。

一般情况下，检验人员收检后检验工作的推荐顺序应为：编辑检验项目→录入检验操作步骤、标准规定等内容→申领实验材料→根据拟定的检验方案进行实验，可携带平板电脑登录系统后对照操作，进行称量与仪器操作时及时填写相关使用记录→再次进行结果录入，刷新数据源数据，得到结果，判定结论→合成报告。

（一）检验项目原始记录的录入

在"结果录入"页面选中拟录入的检验项目，点击"ELN"下拉菜单，点击"结果录入"即可进入 ELN 录入界面。绑定了数据源的单元格默认填写"/"符号，当数据源录入后，点击"刷新数据"即可显示绑定的数据源数据；当模板需要初始化时，点击"初始化模板"，ELN 将回到首次打开的初始状态，但初始化操作不会删除已录入的数据源数据。录入过程中可随时点击"保存"，录入完成后可点击"合成并退出"。录入的项目只有在点击了"保存"或"合成并退出"之后，在结果录入界面该项目的合成情况栏才会显示已合成，当存在未合成状态的项目时将无法生成报告书。笔者建立了虚拟检品并将各项目 ELN 录入界面展示如下。

1. 性状　见图 5-11 与图 5-12。

2. 化学反应鉴别　见图 5-13 与图 5-14。

	A	B	C	D	E	F	G	H	I	J	K	L
1	湖南省药品检验检测研究院原始记录											
2	实验日期		开始 2021-07-27			结束 2021-7-27			受控号		JLGS-ELN-00155	
3	检品编号		YP202110749		检品名称			演示样品				
4	检验项目		性状									
5	检验依据		《中国药典》2020年版二部									
6	仪器信息		仪器名称			仪器型号			仪器编号			
7			/			/			/			
8	实验操作		取本品依法检验									
9	结果		晶型 ▼		/							▼
10			目视 ▼		/							▼
11	标准规定		/									
12	结论		/									▼
13	备注		/									

图 5-11　性状 ELN 初始状态

	A	B	C	D	E	F	G	H	I	J	K	L
1					湖南省药品检验检测研究院原始记录							
2	实验日期		开始 2021-07-27			结束 2021-7-27			受控号		JLGS-ELN-00155	
3	检品编号		YP202110749			检品名称			演示样品			
4	检验项目					性状						
5	检验依据					《中国药典》2020年版二部						
6	仪器信息		仪器名称			仪器型号			仪器编号			
7			偏光显微镜			XSZ-H			090199-20			
8	实验操作					取本品依法检验						
9	结果		晶型 ▼		/							▼
10			目视 ▼			为类白色结晶性粉末						▼
11	标准规定					应为类白色结晶性粉末						
12	结论					符合规定						▼
13	备注					/						

图 5-12　性状 ELN 完成状态

	A	B	C	D	E	F	G	H	I	J	K	L
1					湖南省药品检验检测研究院原始记录							
2	实验日期		开始 2021-07-28			结束 2021-7-28			受控号		JLGS-ELN-00089	
3	检品编号		YP202110749			检品名称			演示样品			
4	检验项目					(1)化学反应						
5	仪器信息		仪器名称			仪器编号			仪器型号			
6			/			/						
7	测试条件					/						
8	称量		1#	/	2#	/	3#	/	4#	/	5#	/
9	实验操作											
10	结果											▼
11	标准规定											
12	结论					不符合规定						
13	备注											

图 5-13　化学反应鉴别 ELN 初始状态

	A	B	C	D	E	F	G	H	I	J	K	L
1					湖南省药品检验检测研究院原始记录							
2	实验日期		开始 2021-07-28			结束 2021-7-28			受控号		JLGS-ELN-00089	
3	检品编号		YP202110749			检品名称			演示样品			
4	检验项目					(1)化学反应						
5	仪器信息		仪器名称			仪器编号			仪器型号			
6			电子分析天平			122402919			XSE205DU			
7	测试条件					/						
8	称量		1#	20.3	2#	/	3#	/	4#	/	5#	/
9	实验操作		取本品(1#)mg(约20mg)，置试管内，加1mol/L盐酸羟胺的丙二醇溶液2ml与1mol/L氢氧化钾丙二醇溶液2ml，水浴煮沸2分钟，加三氯化铁试液1滴，应显红色。									
10	结果					呈正反应						▼
11	标准规定					应呈正反应						
12	结论					符合规定						
13	备注											

图 5-14　化学反应鉴别 ELN 完成状态

3. 紫外 – 可见分光光度法鉴别 见图 5–15~ 图 5–18。

	A	B	C	D	E	F	G	H	I
1	2021-07-29								
2	相关内容		参数	说明					
3	样品性质		1	1为固体制剂、2为液体制剂、3为原料、4为半固体制剂					
4	样品规格			液体制剂填每ml含量,原料不填					
5	对照(品)性质		1	1为外标法称取对照品、2为自身对照					
6									
7	对照品	取样量	定容体积	供试品	取样量	定容体积			
8	第1步			第1步					
9									
10									
11									
12	(内容物)平均重量:取		▼	▼	总重		平均	1	g ▼
13	水分含量			%	综合稀释倍数(对照品倍数/供试品倍数)				
14									
15	对照品处理过程/稀释倍数								
16	供试品处理过程/稀释倍数								

图 5–15 紫外 – 可见分光光度法鉴别 "辅助录入页" ELN 初始状态

	A	B	C	D	E	F	G	H	I
1	2021-07-29								
2	相关内容		参数	说明					
3	样品性质		3	1为固体制剂、2为液体制剂、3为原料、4为半固体制剂					
4	样品规格			液体制剂填每ml含量,原料不填					
5	对照(品)性质		1	1为外标法称取对照品、2为自身对照					
6									
7	对照品	取样量	定容体积	供试品	取样量	定容体积			
8	第1步			第1步	12	20			
9				第2步	1	100			
10									
11									
12	(内容物)平均重量:取		▼	▼	总重		平均	1	g ▼
13	水分含量			%	综合稀释倍数(对照品倍数/供试品倍数)				
14									
15	对照品处理过程/稀释倍数								
16	供试品处理过程/稀释倍数	精密称取本品适量(约12mg),置20ml量瓶中,用溶剂(溶解并)稀释至刻度,摇匀;精密量取1ml,置100ml量瓶中,用溶剂稀释至刻度,摇匀;浓度约相当于6μg/ml。							2000

图 5–16 紫外 – 可见分光光度法鉴别 "辅助录入页" ELN 完成状态

图 5-17 紫外-可见分光光度法鉴别"实验页"ELN 初始状态

湖南省药品检验检测研究院原始记录					
实验日期	开始 2021-07-28		结束 2021-7-28	受控号	JLGS-ELN-00070
检品编号	YP202110749	检品名称		演示样品	
检验项目		(2)紫外光谱			
仪器信息	仪器名称 /		仪器型号 /		仪器编号 /
测试条件	狭缝	2nm	扫描速度 快▼	波长 /	nm
	溶剂		与质量标准一致 ▼		
对照品信息	名称 /		来源	批号	含量
取样	对照品 / mg		供试品 / g	其他 /	
对照品(C容液)的制备					
供试品(C容液)的制备					
对照品	1#	2#	3#	4#	5#
λmax/修约(nm)	/	/	/	/	/
λmin/修约(nm)	/	/	/	/	/
供试品	1#	2#	3#	4#	5#
λmax/修约(nm)	/				
Amax	/				
λmin/修约(nm)	/				
Amin					
供试品吸收度比值	▼ 1# ▼ / ▼		比值为 /	修约 /	保留位数 2
供试品吸收系数	计算公式 A×稀释倍数×10 / W×(1-水分) /	水分	稀释倍数 /	数据定位选择 ▼ 吸收系数 1# ▼ /	修约 / 保留位数 2
λ肩峰/修约(nm)	/	A肩峰	其他 /		
结果	波长 /		其他1	其他2	
标准规定	波长 /		其他1 /	其他2	
结论	波长 /		其他1 / ▼	其他2 ▼	

图 5-18 紫外-可见分光光度法鉴别"实验页"ELN 完成状态

湖南省药品检验检测研究院原始记录					
实验日期	开始 2021-07-29		结束 2021-7-29	受控号	JLGS-ELN-00070
检品编号	YP202110749	检品名称		演示样品	
检验项目		(2)紫外光谱			
仪器信息	仪器名称 紫外分光光度计		仪器型号 UV-2550		仪器编号 102400546
测试条件	狭缝	2nm	扫描速度 快	波长 /	nm
	溶剂		与质量标准一致		
对照品信息	名称 /		来源	批号	含量
取样	对照品 / mg		供试品 12.3 mg	其他 /	
对照品(C容液)的制备	/				
供试品(C容液)的制备	精密称取本品适量(约12mg),置20ml量瓶中,用溶剂(C容)解并稀释至刻度,摇匀;精密量取1ml,置100ml量瓶中,用溶剂稀释至刻度,摇匀;浓度相当于6μg/ml。				
对照品	1#	2#	3#	4#	5#
λmax/修约(nm)	/	/	/	/	/
λmin/修约(nm)	/	/	/	/	/
供试品	1#	2#	3#	4#	5#
λmax/修约(nm)	236.5 / 236	324.7 / 325			
Amax					
λmin/修约(nm)					
Amin					
供试品吸收度比值	▼ 1# ▼ / ▼		比值为 ▼	修约 /	保留位数 2
供试品吸收系数	计算公式 A×稀释倍数×10 / W×(1-水分)	水分	稀释倍数 2000	数据定位选择 ▼ 吸收系数 1# ▼ /	修约 / 保留位数 2
λ肩峰/修约(nm)		A肩峰	其他 /		
结果	波长 符合规定		其他1	其他2	
标准规定	波长 在236nm、325nm的波长处有最大吸收		其他1	其他2	
结论	波长 符合规定		其他1 ▼	其他2 ▼	

4. pH 值　见图 5-19 与图 5-20。

湖南省药品检验检测研究院原始记录							
实验日期	开始 2021-07-29		结束 2021-7-29		受控号	JLGS-ELN-00064	
检品编号	YP202110749	检品名称	演示样品				
检验项目	pH值（酸度、碱度、酸碱度）						
仪器信息	仪器名称		仪器型号			仪器编号	
	/		/			/	
测试条件	测定温度（℃）	草酸盐	苯二甲酸盐	磷酸盐	硼砂	氢氧化钙	其他
		▼	▼	▼	▼	▼	▼
	☐ 5	1.67	4.00	6.95	9.40	13.21	
	☐ 10	1.67	4.00	6.92	9.33	13.00	
	☐ 15	1.67	4.00	6.90	9.27	12.81	
	☐ 20	1.68	4.00	6.88	9.22	12.63	
	☐ 25	1.68	4.01	6.86	9.18	12.45	
	☐ 30	1.68	4.01	6.85	9.14	12.30	
	☐ 35	1.69	4.02	6.84	9.10	12.14	
	定位与校准时重复操作直至与上表数值一致 ▼						
对照/标准品（溶液）信息	名称		来源	批号/编号		含量/浓度	
	/		/	/		/	
实验操作	取本品	/	▼	，依法操作。			
结果	/	/	平均		修约		保留位数 3
标准规定	/						
结论	/ ▼						
备注							

图 5-19　pH 值 ELN 初始状态

湖南省药品检验检测研究院原始记录							
实验日期	开始 2021-07-22		结束 2021-7-29		受控号	JLGS-ELN-00064	
检品编号	YP202110749	检品名称	演示样品				
检验项目	pH值（酸度、碱度、酸碱度）						
仪器信息	仪器名称		仪器型号			仪器编号	
	PH计		sevenmulti			093319-136	
测试条件	测定温度（℃）	草酸盐	苯二甲酸盐	磷酸盐	硼砂	氢氧化钙	其他
		▼	▼	定位 ▼	校准 ▼	▼	▼
	☐ 5	1.67	4.00	6.95	9.40	13.21	
	☐ 10	1.67	4.00	6.92	9.33	13.00	
	☐ 15	1.67	4.00	6.90	9.27	12.81	
	☑ 20	1.68	4.00	6.88	9.22	12.63	
	☐ 25	1.68	4.01	6.86	9.18	12.45	
	☐ 30	1.68	4.01	6.85	9.14	12.30	
	☐ 35	1.69	4.02	6.84	9.10	12.14	
	定位与校准时重复操作直至与上表数值一致 ▼						
对照/标准品（溶液）信息	名称		来源	批号/编号		含量/浓度	
	/		/	/		/	
实验操作	取本品	103.6	mg ▼	，依法操作。			
结果	7.92	7.88	平均	7.90	修约	7.9	保留位数 2
标准规定	pH值应为7.0～9.0						
结论	符合规定 ▼						
备注							

图 5-20　pH 值 ELN 完成状态

5. 有关物质　见图 5-21~ 图 5-26。

	A	B	C	D	E	F	G	H	I
1		2021-07-30							
2	相关内容		参数		说明				
3	样品性质		1		1为固体制剂、2为液体制剂、3为原料、4为半固体制剂				
4	制剂规格				液体制剂填每ml含量，原料不填				
5									
6	对照品	取样量	定容体积	供试品	取样量	定容体积	自身对照	取样体积	定容体积
7	第1步			第1步			第1步		
8									
9									
10									平均小数位数
11	(内容物)平均重量：取		▼		总重	/	平均	1	4
12	水分含量			%	外标法综合稀释倍数 (对照品倍数/供试品倍数)				
13	对照品/供试品浓度最大小数位数		3						
14	对照品处理过程/稀释倍数								
15	供试品处理过程/稀释倍数								
16									
17	备注1			操作步骤可复制到记事本或Word文本中，修改后再粘贴至实验页					
18	备注2			取样量与定容体积要配对填写，如果单一个取样量，则要修改浓度为量					

图 5-21　有关物质"辅助录入页"ELN 初始状态

	A	B	C	D	E	F	G	H	I
1		2021-07-30							
2	相关内容		参数		说明				
3	样品性质		3		1为固体制剂、2为液体制剂、3为原料、4为半固体制剂				
4	制剂规格				液体制剂填每ml含量，原料不填				
5									
6	对照品	取样量	定容体积	供试品	取样量	定容体积	自身对照	取样体积	定容体积
7	第1步	10	50	第1步	20	10	第1步	1	100
8	第2步	1	100				第2步	1	10
9									
10									平均小数位数
11	(内容物)平均重量：取		▼		总重	/	平均	1	4
12	水分含量			%	外标法综合稀释倍数 (对照品倍数/供试品倍数)				0.002
13	对照品/供试品浓度最大小数位数		3						
14	对照品处理过程/稀释倍数		对照溶液：精密量取供试品溶液1ml，置100ml量瓶中，用溶剂稀释至刻度，摇匀；精密量取1ml，置10ml量瓶中，用溶剂稀释至刻度，摇匀；浓度约2μg/ml。对照品溶液：精密称取对照品适量(约10mg)，置50ml量瓶中，用溶剂溶解并稀释至刻度，摇匀；精密量取1ml，置100ml量瓶中，用溶剂稀释至刻度，摇匀；浓度约2μg/ml。				5000
15	供试品处理过程/稀释倍数		精密称取本品适量(约20mg)，置10ml量瓶中，用溶剂(溶解并)稀释至刻度，摇匀；浓度约相当于2000μg/ml。						10
16									
17	备注1			操作步骤可复制到记事本或Word文本中，修改后再粘贴至实验页					
18	备注2			取样量与定容体积要配对填写，如果单一个取样量，则要修改浓度为量					

图 5-22　有关物质"辅助录入页"ELN 完成状态

	A	B	C	D	E	F	G	H	I	J	K	L
1	湖南省药品检验检测研究院原始记录											
2	实验日期		开始 2021-07-30			结束 2021-7-30			受控号		JLGS-ELN-00056	
3	检品编号		YP202110749			检品名称			演示样品			
4	检验项目					有关物质						
5	仪器信息		仪器名称			仪器型号			仪器编号			
6			/			/			/			
7	测试条件		色谱柱		/		/		/		/	
8			检测器		▼		流速			▼	柱温	℃
9			波长与进样量									▼
10			流动相									▼
11			溶剂									▼
12	对照品信息		名称			来源			批号/编号		含量/浓度	
13			/			/			/		/	
14	其他称量		1#	/	2#	/	3#	/	4#	/	5#	/
15	其他图谱		6#	/	7#	/	8#	/	9#	/	10#	/
16	系统适用性试验		无									
17			理论板数	/		分离度		/	其他			
18	对照/标准品(溶液)的制备											
19	供试品(溶液)的制备											
20	结果					见结果页						
21	标准规定					见结果页						
22	结论					见结果页						
23	备注											

图 5-23　有关物质"实验页"ELN 初始状态

	A	B	C	D	E	F	G	H	I	J	K	L
1	湖南省药品检验检测研究院原始记录											
2	实验日期		开始 2021-07-30			结束 2021-7-30			受控号		JLGS-ELN-00056	
3	检品编号		YP202110749			检品名称			演示样品			
4	检验项目					有关物质						
5	仪器信息		仪器名称			仪器型号			仪器编号			
6			高效液相色谱仪			Nexera LC-40			102404230			
7	测试条件		色谱柱		大阪曹达		C18	4.6mm*150mm		5μm	HXS_C18G5LW-161001	
8			检测器		▼		流速			▼	柱温	℃
9			波长与进样量									▼
10			流动相									▼
11			溶剂									▼
12	对照品信息		名称			来源			批号/编号		含量/浓度	
13			演示			中检院			XXXXX-XXXXX		99.8%	
14	其他称量		1#	/	2#	/	3#	/	4#	/	5#	/
15	其他图谱		6#	/	7#	/	8#	/	9#	/	10#	/
16	系统适用性试验		无									
17			理论板数	/		分离度		4.0	其他			
18	对照/标准品(溶液)的制备		对照溶液:精密量取供试品溶液1ml,置100ml量瓶中,用溶剂稀释至刻度,摇匀;精密量取1ml,置10ml量瓶中,用溶剂稀释至刻度,摇匀;浓度约2μg/ml。对照品溶液:精密量取对照品适量(约10mg),置50ml量瓶中,用溶剂溶解并稀释至刻度,摇匀;精密量取1ml,置100ml量瓶中,用溶剂稀释至刻度,摇匀;浓度约2μg/ml。										
19	供试品(溶液)的制备		精密称取本品适量(约20mg),置10ml量瓶中,用溶剂(溶解并)稀释至刻度,摇匀;浓度约相当于2000μg/ml。									
20	结果					见结果页						
21	标准规定					见结果页						
22	结论					见结果页						
23	备注											

图 5-24　有关物质"实验页"ELN 完成状态

湖南省药品检验检测研究院原始记录									
检品编号	YP202110749		检品名称		演示样品				
检验项目				有关物质					
(内容物)平均重量	取本品适量，依法操作			总重		平均	1	单位	/
样品水分	/	单位	%	对照品单位	mg	供试品单位			/
计算公式(外标法)	A供×W对×其他系数×对照品纯度			单位换算	1	稀释倍数	×	100%	结果单位 %
	A对×W供			规格	1				小数位数 2
计算公式(自身对照法)	A样/A对×系数×稀释倍数%		自身对照法稀释倍数=对照溶液取样体积/定容体积×100				=	1	可在合成页单独修改
结果表									
标准规定文字	限度	方法	纯度	W对	A对	W/V供	A供	稀释倍数	系数	结果	修约	结论
不得过		▼						0.002	/			符合规定

图 5-25　有关物质"结果页"ELN 初始状态

湖南省药品检验检测研究院原始记录									
检品编号	YP202110749		检品名称		演示样品				
检验项目				有关物质					
(内容物)平均重量	取本品适量，依法操作			总重		平均	1	单位	/
样品水分		单位	%	对照品单位	mg	供试品单位			mg
计算公式(外标法)	A供×W对×其他系数×对照品纯度			单位换算	1	稀释倍数	×	100%	结果单位 %
	A对×W供			规格	1				小数位数 2
计算公式(自身对照法)	A样/A对×系数×稀释倍数%		自身对照法稀释倍数=对照溶液取样体积/定容体积×100				=	0.1	可在合成页单独修改
结果表									
标准规定文字	限度	方法	纯度	W对	A对	W/V供	A供	稀释倍数	系数	结果	修约	结论
杂质 I 不得过	0.1	外标法 ▼	0.998	10.79	173962	20.64	135105	0.002	/	0.08	0.1	符合规定
不得过	0.05	自身对照	/		183338	20.64	50111	0.1		0.02	小于0.1	符合规定
不得过	0.1	自身对照	/		183338	20.64	149665	0.1		0.08	0.1	符合规定

图 5-26　有关物质"结果页"ELN 完成状态

6. 容量法含量测定　见图 5-27 与图 5-28。

湖南省药品检验检测研究院原始记录						
实验日期	开始 2021-07-30		结束 2021-7-30		受控号	JLGS-ELN-00129
检品编号	YP202110749		检品名称		演示样品	
检验项目			含量测定 (容量法)			
仪器信息	仪器名称		仪器型号		仪器编号	
					/	
环境信息 (非水滴定时记录)	仪器编号	开始时间	结束时间	平均湿度(%)	平均温度(℃)	
测试条件	滴定度	mg/ml	指示剂		▼	g
	终点颜色/现象		稀释用溶剂		与质量标准一致	▼
	电极		滴定管编号			
滴定液信息	名称		来源		批号/编号	含量/浓度
供试品 C(容液)的制备						
(内容物)平均重量	/		总重	/	平均	1	单位 g ▼
供试品水分%	/	C滴定液		C名义值		f(滴定液)	f=滴定液浓度/滴定液名义值
计算公式	V供×T×f滴定液×100%			单位换算	1	×	稀释倍数 ×	其他系数
	W供			规格	1			
单位	取样量 g ▼	滴定体积 ml	结果单位 % ▼	滴定液	mol/L	小数位数 2
结果表	取样量	V滴定体积	V0空白	V0返滴法	稀释倍数	其他系数	结果	平均	修约	RSD% ▼
	/						1			
标准规定	/									
结论										▼
备注	非水滴定记录应记录相对偏差，相对偏差(RD%)=[（平均值 - 测定值）/平均值]×100%。原料药用高氯酸直接滴定者，相对偏差不得过0.2%；用碱滴定液直接滴定者不得过0.3%；制剂不得过0.5%，操作繁杂者不得过1.0%。					
高氯酸VS浓度折算(10 ℃以上重新标定)	标定温度(t0, ℃)	/	折算公式	N0	滴定液原始浓度(N0, mol/L)	
	滴定温度(t1, ℃)	/	N1=	1+0.0011×(t1-t0)	滴定液折算浓度(N1, mol/L)	

图 5-27　容量法含量测定"实验页"ELN 初始状态

	A	B	C	D	E	F	G	H	I	J	K	L
1	湖南省药品检验检测研究院原始记录											
2	实验日期		开始 2021-07-30			结束 2021-8-2			受控号		JLGS-ELN-00129	
3	检品编号		YP202110749			检品名称			演示样品			
4	检验项目		含量测定(容量法)									
5	仪器信息		仪器名称			仪器型号			仪器编号			
6			电子分析天平			XSE205DU			122402919			
7	环境信息		仪器编号		开始时间		结束时间		平均湿度(%)		平均温度(℃)	
8	(非水滴定时记录)		122402919		2021-08-01 10:49:00		2021-08-01 11:15:00		68%		27.1℃	
9	测试条件		滴定度	33.79	mg/ml		指示剂	与质量标准一致 ▼		5	滴 ▼	
10			终点颜色/现象			紫红色		稀释用溶剂	与质量标准一致 ▼			
11			电极				未		滴定管编号		D022	
12	滴定液信息		名称			来源			批号/编号		含量/浓度	
13			高氯酸滴定液			本院			20210712		0.09751mol/L	
14	供试品(C容液)的制备		取本品约0.3g,加无水甲酸10ml与醋酐40ml溶解,依法测定。									
15	(内容物)平均重量		/				总重	/	平均	1	单位	g
16	供试品水分%		0.17	C滴定液	0.09701	C名义值	0.1	f(滴定液)	0.9701	f=滴定液浓度/滴定液名义值		
17	计算公式		V供×T×f滴定液×100%				单位换算	0.001	×	稀释倍数	×	其他系数
18			W供×(1-水分)				规格	1				
19	单位		取样量	g ▼	滴定体积	ml	结果单位	% ▼	滴定液	mol/L	小数位数	2
20	结果表		取样量	V滴定体积	V0空白	V0返滴法	稀释倍数	其他系数	结果	平均	修约	RSD%
21			0.3064	9.22	/	/	1	/	98.80	98.98	99.0%	0.26
22			0.3026	9.14					99.17			
23	标准规定		按干燥品计算,含C₂H₅N₃O不得少于98.5%									
24	结论		符合规定									▼
25	备注		非水滴定应记录相对偏差,相对偏差(RD%)=[(平均值-测定值)/平均值]×100%。原料药用高氯酸直接滴定者,相对偏差不得过0.2%;用碱滴定液直接滴定者不得过0.3%;制剂不得过0.5%,操作繁杂者不得过1.0%。									
26	高氯酸VS浓度折算(10		标定温度(t0,℃)	22.5		折算公式	NO		滴定液原始浓度(NO,mol/L)			0.09751
27	℃以上重新标定)		滴定温度(t1,℃)	27.1		N1=	1+0.0011×(t1-t0)		滴定液折算浓度(N1,mol/L)			0.09701

图 5-28　容量法含量测定"实验页"ELN 完成状态

（二）检验报告的合成

点击结果录入页面检品区上方的"原始记录"下拉表，点击"合成原始记录"，提示合成成功后，点击"查看原始记录"即可看到 PDF 格式的检验报告书与原始记录。在采集了图谱或上传了对应的资料后，上传部分将在该项目后按上传顺序排列展示。检验报告书与原始记录概况见图 5-29~ 图 5-31（图谱为真实数据，此处未展示）。

检验报告书

报告编号：YP202110749

检品名称	演示样品	检品编号	YP202110749
生产单位/产地		批号/生产日期	123456
剂型/类别	原料药	规格/级别	/
检验目的	抽查检验	包装规格	100ml/瓶×2瓶/盒
检验项目	全检	有效期至/有效期	123456
收样日期	2021-07-19	检品数量	100g
抽样单位/供样单位	123456		
被抽样单位	123456		
检验依据	《中国药典》2020年版二部		

检验项目	标准规定	检验结果
【性状】	应为类白色结晶性粉末	为类白色结晶性粉末
【鉴别】		
(1)化学反应	应呈正反应	呈正反应
(2)紫外光谱	在236nm、325nm的波长处有最大吸收	符合规定
【检查】		
pH值	pH值应为7.0~9.0	7.9
有关物质	杂质Ⅰ不得过0.1%	0.1%
	不得过0.05%	小于0.1%
	不得过0.1%	0.1%
【含量测定】	按干燥品计算，含$C_{12}H_9N_{30}$不得少于98.5%	99.0%

（转下一页）

图 5-29　检验报告书示例（部分区域）

湖南省药品检验检测研究院原始记录

实验日期	开始 2021-07-30		结束 2021-8-3		受控号		JLGS-ELN-00056	
检品编号	YP202110749		检品名称			演示样品		
检验项目	有关物质							
仪器信息	仪器名称		仪器型号			仪器编号		
	高效液相色谱仪		Nexera LC-40			102404230		
测试条件	色谱柱	大阪曹达	C18	4.6mm*150mm		5μm	HXS_C18G5LW-161001	
	检测器	DAD ▼	流速	1ml/min ▼		柱温	℃	
	波长与进样量	与质量标准一致					▼	
	流动相	与质量标准(配制方法、组成比例、pH以及洗脱程序等)均一致					▼	
	溶剂	供试品与对照品稀释用溶剂与质量标准一致					▼	
对照品信息	名称		来源		批号/编号		含量/浓度	
	演示		中检院		XXXXX-XXXXX		99.8%	
其他称量	1#	/	2#	/	3#	/	4#	5# /
其他图谱	6#	/	7#	/	8#	/	9#	10# /
系统适用性试验	无							
	理论板数	/	分离度	4.0	其他			
对照/标准品(溶液)的制备	对照溶液：精密量取供试品溶液1ml，置100ml量瓶中，用溶剂稀释至刻度，摇匀；精密量取1ml，置10ml量瓶中，用溶剂稀释至刻度，摇匀；浓度约2μg/ml。对照品溶液：精密称取对照品适量(约10mg)，置50ml量瓶中，用溶剂溶解并稀释至刻度，摇匀；精密量取1ml，置100ml量瓶中，用溶剂稀释至刻度，摇匀；浓度约2μg/ml。							
供试品(溶液)的制备	精密称取本品适量(约20mg)，置10ml量瓶中，用溶剂(溶解并)稀释至刻度，摇匀；浓度约相当于2000μg/ml。							
结果	见结果页							
标准规定	见结果页							
结论	见结果页							
备注								

图 5-30　部分项目原始记录"实验页"示例（部分区域）

湖南省药品检验检测研究院原始记录

检品编号	YP202110749		检品名称		演示样品			
检验项目	有关物质							
(内容物)平均重量	取本品适量，依法操作		总重	/	平均	1	单位	/
样品水分	/	单位	%	对照品单位	mg	供试品单位		mg
计算公式(外标法)	A供×W对×其他系数×对照品纯度 / A对×W供		×	单位换算 1 / 规格 1	×	稀释倍数	× 100%	结果单位 %
								小数位数 2
计算公式(自身对照法)	A样/A对×系数×稀释倍数%		自身对照法稀释倍数=对照溶液取样体积/定容体积×100 ＝ 0.1					可在合成页单独修改

结果表											
标准规定文字	限度	方法	纯度	W对	A对	W/V供	A供	稀释倍数	系数	结果	修约	结论
杂质Ⅰ不得过	0.1	外标法 ▼	0.998	10.79	173962	20.64	135105	0.002	/	0.08	0.1	符合规定
不得过	0.05	自身对照 ▼		/	183338	20.64	50111	0.1	/	0.02	小于0.1	符合规定
不得过	0.1	自身对照 ▼		/	183338	20.64	149665	0.1	/	0.08	0.1	符合规定

图 5-31　部分项目原始记录"结果页"示例（部分区域）

五、原始记录的审核与其他功能

（一）原始记录的审核

在完成结果录入后，主检人可点击结果录入页面检品区上方的"提交相关"下拉表，点击对应功能完成提交审核。其中，"提交检品"指将该批检品整体提交给指定的复核人；"提交所选项目"指仅提交选中的项目。点击完成后，对应检品或项目即转送到指定复核人账户中。

复核人在 LIMS 首页可看到"复核"信息，点击即可进入复核界面，或点击"药品检验业务"下拉表，点击"复核"进入。选中对应检品，在检品区点击"查看报告书"或"查看原始记录"进行核对，无误则点击"提交检品"。后续审核操作基本相同。

当原始记录需要退回修改，复核人可在查看报告书界面右侧意见区填写修改意见。修改意见编辑完成后，点击"退回检品"即返回主检人。后续修改退回操作基本相同。

（二）共用数据的复制

在检验工作中经常会遇到多批样品共用一份数据（多为对照品称量与图谱数据），LIMS 提供了复制共用数据功能来解决此类问题。以费休氏法水分检查为例说明如下。

设样品编号为 YP202030003 的检品接编号为 YP202010286 的样品测定水分，由于费休氏试液已在前批样品中标定，此时无需再进行标定操作。在数据录入环节，选中 YP202030003 批水分项，点击"天平采集"，在"更多"下拉菜单中点击"同步天平数据"，在弹出的对话框中选择 YP202010286 的水分标定称量数据，保存。此时，该批水分标定称量就引入了 YP202010286 的水分标定称量数据。同步图谱数据操作基本类似。相关界面见图 5-32~ 图 5-35。

图 5-32　同步天平数据选项

同步天平数据

保存　↺ 返回

	样号	检品编号	检验项目类型	检测项目	ELN单元格名称	
	YP202010285001	YP202010285	检查	水分（费休氏测...	水分标定1	0.01250
	YP202010285001	YP202010285	检查	水分（费休氏测...	水分标定2	0.01065
	YP202010285001	YP202010285	检查	水分（费休氏测...	水分标定3	0.01138
	YP202010286001	YP202010286	检查	水分（费休氏测...	样品称量1	0.02210
	YP202010286001	YP202010286	检查	水分（费休氏测...	样品称量2	0.05564
	YP202010286001	YP202010286	检查	水分（费休氏测...	样品称量3	0.08505
☑	YP202010286001	YP202010286	检查	水分（费休氏测...	水分标定1	0.01250
☑	YP202010286001	YP202010286	检查	水分（费休氏测...	水分标定2	0.01065
☑	YP202010286001	YP202010286	检查	水分（费休氏测...	水分标定3	0.01138

图 5-33　同步天平数据对话框

天平采集

◎ 未连接　仪器类型"：物理性能光学电子测 ∨　＋连接天平　⊙ ELN称样历史　天平数据：　　　　　⊟ 使用天平数据　自动语音播放

	检品编号	样号	检测项目	序号	ELN天平数据单元格名称	
☑	YP202030003	YP202030003001	水分（费休氏测定法）	0	样品称量1	
	YP202030003	YP202030003001	水分（费休氏测定法）	0	样品称量2	
	YP202030003	YP202030003001	水分（费休氏测定法）	0	样品称量3	
	YP202030003	YP202030003001	水分（费休氏测定法）	0	水分标定1	0.01250
	YP202030003	YP202030003001	水分（费休氏测定法）	0	水分标定2	0.01065
	YP202030003	YP202030003001	水分（费休氏测定法）	0	水分标定3	0.01138

图 5-34　选择天平采集数据

图谱采集

🗑 删除　＋初始化　⊟ 同步图谱数据　　　　　　🗑

	检测项目	ELN单元格名称	仪器数据	
	水分（费休氏测定法）	样品水分结果1		
	水分（费休氏测定法）	样品水分结果2		
	水分（费休氏测定法）	样品水分结果3		
	水分（费休氏测定法）	样品消耗费休氏液体积1		
	水分（费休氏测定法）	样品消耗费休氏液体积2		
	水分（费休氏测定法）	样品消耗费休氏液体积3		

图 5-35　选中同步图谱数据

（三）检品的复制

LIMS 提供复制功能用于多批次同品种检品、不同检品含有相同或类似项目，以达到提高录入效率、避免出现数据重复操作的目的。由于不同药品检验机构对复制功能的实现方式、可用于复制的范围、涉及的具体内容等方面各有不同，因此该功能暂不详细说明。

（四）组合项目

当遇到 ELN 不支持多组分或同一组分采用不同计算方法但 ELN 不支持（如某组分需要分别按平均装量与无水物计算）等情况，可采用组合项目的方法解决。一般来说，多组分或不同计算方法所列结果需要分行在报告书中显示。正常情况下为单项多组分实现形式，在 ELN 兼容性受限的情况下，可改为多项目单组分的方式。每个项目均可使用独立的 ELN，使用多 ELN 原始记录组合显示的方式实现多组分或多方法项目的兼容。

以溶出度为例，该项目数据量大，很难实现多组分的支持，且遇到多组分的情况极少，因此该类 ELN 模板仅支持单组分组。设遇到某药品溶出度项有两个组分，此时可在数据录入页面的检品项目区建立两个溶出度检查项，均使用相同的溶出度 ELN 模板。第一项依法录入第一组分；第二项的"报告书名称"栏留白，通过项目复制功能复制第一项，并录入第二组分的数据，隐藏除"结果页"外的其他页面即可；合成报告书后，该项目原始记录将出现两页"结果页"，分别承载各自的组分，同时报告书所显示内容与正常情况无异。不同计算方法等情况也可照此处理。

（五）其他功能

除以上原始记录与报告涉及的必要环节与功能外，LIMS 还可提供如检品查询、进度查询、周期管理、质量标准查询、标准溶液管理、仪器管理以及培训等个性化功能。本指南偏向于 ELN 模板编制，考虑到不同检验机构需求有差异且篇幅有限，本指南不再逐一介绍，有需求的读者可咨询 LIMS 工程师。

参考文献

［1］郑正，汪海宣，刘业飞. LIMS 系统在食品药品检验检测机构中的实施［J］. 新技术应用与实践，2017（7）：139-140.

［2］张秋菊，高爱根，杨晓靖，等. 实验室信息管理系统（LIMS）促进实验室认证认可［J］. 现代测量与实验室管理，2012（2）：37-46.

［3］石琰美，刘保民. 实验室信息管理系统 LIMS 助力实验室认可［J］. 现代信息科技，2018（2）：1-3.

［4］中国国家认证认可监督管理委员会. 检验检测机构资质认定评审准则［S/OL］. ［2015-4-14］. http://www.cnca.gov.cn/.

［5］张志檩，王群. 化工实验室信息管理系统 LIMS［M］. 北京：化学工业出版社，2006.

［6］杨海鹰，潘华. 实验室信息管理系统［M］. 北京：化学工业出版社，2007.

［7］杨海鹰. 基于 LIMS 平台的应用技术探讨［M］. 北京：石油工业出版社，2006.

［8］杨海鹰. 基于 LIMS 平台的应用技术探讨［J］. 现代科学仪器，2006（6）：4-6.

［9］徐祖哲. 网络条件下的实验室数据处理与应用［J］. 现代科学仪器，2002（2）：14-16.

［10］唐国圣，金丽琼. LIMS 仪器接口在实验室自动化管理中的应用［J］. 现代科学仪器，2007（2）：3.

［11］Ping Du, Joseph A. Kofman. Electronic Laboratory Notebooks in Pharmaceutical R&D：On the Road to Maturity［Z］. Technology Review，2007：157-165.

［12］Michael Shanler. Manufacturers Must Consider Scientific Domain Expertise During ELN Selection［Z］. Gartner Industry Research，2013.

［13］中华人民共和国国家质量监督检验检疫总局. GB/T 8170—2008 数值修约规则与极限数值的表示和判定［S］. 北京：中国标准出版社，2008.

［14］李珺婵. 药品实验室自动化及无纸化检测的设计与实现［D］. 上海：东华大学，2016.